重塑的魅力

Blythe改妆与BJD卡通娃头化妆技法

娃妆师夏雨

编著

电子工业出版社

Publishing House of Electronics Industry

北京·BEIJING

图书在版编目（CIP）数据

重塑的魅力 ：Blythe改妆与BJD卡通娃头化妆技法 /
娃妆师夏雨编著. -- 北京 ：电子工业出版社，2024.
11. -- ISBN 978-7-121-49041-5

Ⅰ. TS974.12

中国国家版本馆CIP数据核字第202498LV22号

责任编辑：田振宇

印　　刷：北京利丰雅高长城印刷有限公司

装　　订：北京利丰雅高长城印刷有限公司

出版发行：电子工业出版社

　　　　　北京市海淀区万寿路173信箱　　　邮编：100036

开　　本：787×1092　　1/16　　印张：11　　字数：299.2千字

版　　次：2024年11月第1版

印　　次：2024年11月第1次印刷

定　　价：88.00元

凡所购买电子工业出版社图书有缺损问题，请向购买书店调换。若书店售缺，请与本社发行部联系，
联系及邮购电话：（010）88254888，88258888。

质量投诉请发邮件至zlts@phei.com.cn，盗版侵权举报请发邮件至dbqq@phei.com.cn。

本书咨询联系方式：（010）88254161~88254167转1897。

推荐语

夏雨老师在改娃圈是从业多年的资深改妆师，经验丰富，经常开设娃妆线下课，拥有众多学生。她的教程对初学者来说也是非常易懂的，推荐大家学习！

——人形师 倒斗神瓶

我刚进入改娃圈的时候就知道夏雨老师了，她画的娃头非常美丽。我第一次见到她是在 2021 年，在她和遥遥子老师的娃妆线下课。那时，我终于知道为什么有这么多人上课了。

夏雨老师的课无论是从内容丰富度、进度安排，还是从讲解的清晰度方面来说，都非常好。她不愧是经验丰富的老师。夏雨老师可以给学生提供手把手的指导，让学生实现从无到有的飞跃。夏雨老师的课非常适合零基础或者需要进阶的朋友们。

《重塑的魅力：Blythe 改妆与 BJD 卡通娃头化妆技法》能够从多方面满足无法上课，但又希望能够学习BJD 卡通娃头化妆技法的朋友的需求，相信本书可以帮大家实现"画头自由"。

——娃妆师 墨狸

把爱好变成事业。

我作为一名教大家制作娃衣的老师与夏雨老师相识于 2011 年，虽然我们处于不同的领域，但是我们都喜欢娃娃，并一直努力把爱好变成我们的事业。

在这十余年的时间里，夏雨老师开设过多次娃妆线下课。她毫无保留地向学生分享自己多年来积攒的经验和理论知识，为学生提供与娃社合作的机会，促成学生与稳定受众的合作，尽自己最大的努力帮助每一位勤学好问的学生变得更加优秀。

长久以来，很多人想上夏雨老师的娃妆线下课，但由于各种原因没能实现。为了帮助更多学生系统、全面地学习画娃妆，夏雨老师把自己多年来积累的经验结集成册。相信本书可以为想学习画娃妆的朋友们提供帮助。

有的学生在学习中会走一些弯路、吃一些苦，这并不能说明他们的能力不行，而是因为他们没有好的材料、合适的工具及正确的方法。夏雨老师在本书中通过大量实例及教程，讲解了工具、手法等多方面的知识，可以帮助学生创作出令自己满意的作品。

有好老师的指点，你也可以画出独属于自己的娃妆风格。

——娃衣工艺师　兔子饭团 mm

如今，人偶文化从亚文化发展为潮玩文化的主力军，拥有很高的关注度，但依然被一层厚厚的面纱笼罩着。大量的专业术语、复杂的尺寸和品类、如魔法般的把玩技巧让大众摸不着头脑。夏雨老师从品类、改妆技巧、审美等多个角度，深入浅出地为大家揭开这层面纱，让每一位人偶爱好者都能更深入地了解人偶，并掌握改娃的"魔法"。本书是一部不可多得的人偶"饲养"指南！

——Ringdoll 娃社创始人　御座的黄山

前言
Preface

在写这篇前言的时候，时光仿佛回到了大学时期，我在舍友桌上第一次看到 Blythe 的时候。当时的我从来没接触过人偶，只觉得这个昵称叫小布的娃娃很独特，也很贵。没想到一晃多年，我不但有幸成为改妆师，还通过开设娃妆线下课，帮助很多玩家去创造属于自己的改妆娃娃。

今年是我作为改妆师的第 14 年，刚开始我只是因为找不到喜欢的改妆师才尝试自学改妆，没想到把自己的作品发到网上以后，收到了很多鼓励和接单咨询。那种被善意包裹的感觉，还有自己的作品被认可的成就感，让我有了更多的动力去研究改妆。有时候，为了画出更个性分明的妆容，我会工作到半夜。

"我要软萌可爱的""我要黑暗颓废的""我想让娃娃脸上有真人一样的肌理和红血丝"，每个玩家的要求都不太一样，在完成一个个妆容的同时，我也有了越来越多的经验。

后来，随着约妆的人数越来越多，我不得不开始抽选。我会在微博上明确列出最近的画风偏好，每月开 10个名额，想投单的玩家需按规定的格式发送邮件给我，我再选出想画的娃娃。因为每次收到的投妆数远远超过接待能力，所以我免不了推掉很多单子。而每到这个时候，我都会有些愧疚，觉得自己总是让喜欢我的玩家失望。直到有一天朋友点醒了我："你为什么不开设娃妆线下课呢？让更多的人能够自己改妆。"

于是，从 2018 年起，我成为第一个在国内开设巡回式娃妆线下课的人，通过开设小布改妆课、BJD 化妆课、DD 改妆课，指导学生掌握磨改和化妆的技能。截至目前，我已经在 23 个城市巡讲过。在开设娃妆线下课的几年间，我与很多学生成为朋友，她们会和我聊玩家最近都在热议什么、改娃圈的流行风向是什么。而同期的学生因为大多都在同一个城市，所以她们能经常参加娃聚或娃展。这样难得的缘分和情谊让我觉得能喜欢上娃娃真好。

如今，我将迎来人形师的新身份，我想把自己一直以来获得的善意回馈给圈子里的更多人，于是我用 1 年的时间编写了本书，把自己在小布改妆和卡通娃头上面的技术与经验分享给读者。

"改娃的时候，脑子里什么都不想，就只专注于结构，还有手指按压在砂纸上的触感，这样一眨眼几个小时就过去了。现在是信息过载的年代，很难有这种静下心，体验大脑心流的感觉了。"希望有缘看到本书的你也能体会到改妆的乐趣。

娃妆师夏雨

2024 年春

目录

001

第 1 章
Blythe 的诞生和进化史

013

第 2 章
开始小布磨改

039

第 3 章
化妆工具与欧风妆容

061

第 4 章
小布眼皮 / 后脑壳的绘制和组装

077

第 5 章
换一种风格，小布甜酷风改造

Blythe的诞生和进化史

Blythe 经典潮玩文化的特点 ｜ 小布不同型号脸壳的区别 ｜ 小布不同部件的名称 ｜ 被改造过的娃娃的价格和改娃的基本流程

1.1 Blythe经典潮玩文化的特点

Blythe 是一款可以换装的经典时尚娃娃，是由美国玩具公司 Kenner（后被孩之宝公司收购）于 1972 年创造出的。Blythe（布莱斯）是它的英文本名，在中国内地被称为小布或小布娃娃（在中国香港被称为 B 女）。Blythe 作为一款玩具，它的大头搭配小身体的前卫设计并不受到当时小朋友们的喜爱，所以在生产一年后就被迫停产了，而美国的电视制作人吉娜·加兰改变了这一状况。吉娜·加兰是一名资深的娃娃收藏家及摄影师，她的一位朋友跟她说："我觉得你跟 Blythe 长得很像。"在好奇心的驱使下，古娜·加兰购买了她的第一个 Blythe，并经常在出差的时候带着 Blythe，为 Blythe 在世界各地拍下不少照片。2000 年，她用 Blythe 的照片开了一个画展并出版了影画集，将 Blythe 重新带到人们的视野中。

同一时期，孩之宝公司将 Blythe 授权给 CWC 公司，使其进行创作和生产。吉娜·加兰与 CWC 用 Blythe 为百货公司拍摄宣传画册，此后，Blythe 便受到全球时尚品牌的青睐，成为一种极具收藏价值的玩偶。

1.1.1　原妆Blythe的特点

在 Blythe 的官方网站上，1~2 个月会出一个新款娃娃，中间会穿插一些周年限定、特别合作之类的限定款娃娃。

官方出品的每款 Blythe 都拥有自己专属的名字、人设及背景故事，并有专门设计的假发、服饰、彩盒等。一些限定款娃娃还会有特殊的妆容，这样的官方出品的娃娃通常被称为盒娃或原妆娃。

Blythe 最大的特色是拥有会动的双眼。拉动它后脑壳上的绳子，可以更换眼睛的颜色和方向。

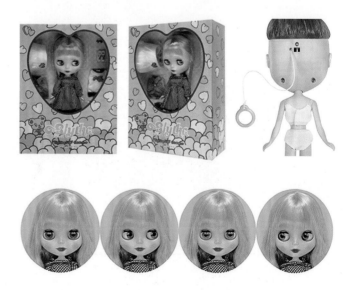

1.1.2 Blythe的规格

Blythe共有3种规格：Neo Blythe、Middie Blythe、Petite Blythe，每一种Blythe的眼中都有一个机关，可以让玩家体验不同的玩法。

我们平时所说的小布指的是Neo Blythe，也就是Blythe家族中最大的一个，身高约为28.5cm；中布是Middie Blythe，身高约为20cm；迷你布是Petite Blythe，身高约为11cm。

小布最大，中布第二，迷你布最小。本书的改妆对象仅为小布。

按照官方给出的肤色深浅排列，Blythe的肤色有6种，分别是白肌（Snow）、奶油肌（Cream）、自然肌（Fair）、普通肌（Regular）、日烧肌（Latte）、黑肌（Mocha）。国内的玩家习惯按自己的直观理解，将以上肤色分别称为超白肌（Snow）、白肌（Cream）、自然肌（Fair）、普通肌（Regular）、日烧肌（Latte）、黑肌（Mocha）。

一般来说，超白肌、日烧肌、黑肌会出现在限定款娃娃中，比较稀有。在国内，白皙的肤色比其他肤色更受欢迎。

除了以上肤色，小布还有微透的肤色，称为透明肌（Translucent）。透明肌也分为不同的肤色，如2016年2月版的Cherie Babette（法国熊）的肤色就是透明自然肌（Translucent Fair）。

因为透明肌拍照容易显黑，还有在磨改时容易开裂，所以不太受改妆师的欢迎。

Snow

Cream

Fair

Regular

Latte

Mocha

1.1.3　如何区分正版小布/阿拼/盗版小布

2023 年 9 月款
仁爱护士安吉莉卡

2023 年 22 周年庆典款
海洋女神奥蕾拉

2023 年 6 月款
布兰达非凡的一天

2023 年 5 月款
都市仙子艾莉

2023 年 4 月款
我爱的韩国潮牌衣服

2023 年 2 月限定款
奎恩的铁路旅行

2022 年 12 月款
苏瑞的环保生活

2022 年 10 月限定款
可爱的凯瑟琳

怎么购买正版小布？

正版小布，也就是盒娃，按照经销商所在的地址分为日版、国内内地版和香港版。

日版的小布可以直接从 Blythe 的官方网站购买。

国内内地版和香港版小布可以从淘宝网上的代理商店铺中购买，如禧多 DOLL、朵朵家 DOLLDOLL HOUSE。

如果要购买二手小布，那么可以通过日拍网和闲鱼 App 进行交易。

目前，正版小布的价格在 1200 元左右，限定款和周年款小布的价格在 2000 元以上。每一款正版小布都有自己的专属彩盒、官方服装、名字和相关人物背景。如果一个销售页面中没有这款小布的诞生年份和名字，没有彩盒，价格也不对，就是盗版的。标题为"小布练习头壳"的均为盗版的。

什么是阿拼？

孩之宝公司的 Blythe 代工厂在中国，而在玩具的制作过程中，会有一些瑕疵品配件流入市场。这些配件的模具和用料都和正版的相同，只是没有正式销售的 Blythe 该有的服装配件和专属彩盒。早期大家会购买这些物美价廉的配件，并将它们组装为一只完整的娃娃。大家将这种代工厂生产的瑕疵品娃娃叫作"阿拼"。

阿拼是正版吗？

严格来说，阿拼不是正版，因为代工厂没有 Blythe 的版权，是不能自行销售 Blythe 的任何产品的。

销售阿拼的商家是真的代工厂吗？早期的销售阿拼的商家是真的代工厂，但是现在随着销售的商家增多，而且商家还自行开发非官方的模具，真实性已经不能确定了。

截至 2024 年 6 月，小布的脸壳一共有 8 种型号，分别是 BL 脸壳、EBL 脸壳、SBL 脸壳、RBL 脸壳、FBL 脸壳、RBL+ 脸壳、NBL 脸壳、VBL 脸壳。

① BL 脸壳：2001 年推出的脸壳，共 8 款；于 2002 年 6 月停产。

② EBL 脸壳：2002 年 7 月推出的脸壳，共 19 款；于 2005 年 3 月停产。

③ SBL 脸壳：2003 年 11 月推出的脸壳，共 20 款；于 2008 年 12 月停产。

④ RBL 脸壳：2006 年 9 月推出的脸壳，数量较多；于 2013 年 7 月停产（盗版小布的脸壳基本都是这款脸壳）。

⑤ FBL 脸壳：2009 年 9 月推出的脸壳，数量较多；于 2016 年 2 月停产。

⑥ RBL+ 脸壳：2013 年 8 月推出的脸壳；其结构和 RBL 脸壳的结构类似，最大的差别是其鼻子很薄；于 2019 年 6 月停产。

⑦ NBL 脸壳：2017 年 5 月推出的脸壳，数量较多；于 2022 年 12 月停产。

⑧ VBL 脸壳：2022 年 2 月推出的脸壳，数量较多；其结构和 NBL 脸壳的结构基本一样，但脑内卡口的位置略有偏移；其前脸壳无法和 NBL 的后脑壳通用，需要经过修改；截至 2024 年 6 月，VBL 脸壳仍在生产中。

NBL 脸壳和 RBL+ 脸壳的区别是什么？

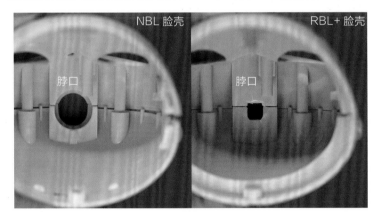

NBL 脸壳的脖口为圆形的，在后续组装身体的时候需要加一个小布身上自带的脖卡。RBL+ 脸壳的脖口为正方形的，直接组装身体就可以，无须加装脖卡。

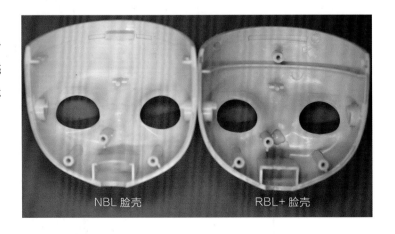

NBL 的前脸壳的鼻腔的结构为半凹陷结构，而 RBL+ 的前脸壳的鼻腔是薄空心的，过薄的鼻腔设计非常不利于改妆师进行磨改，因为比较容易刻穿。为了连接前脸壳与头壳，NBL 脸壳设计了方便的卡扣结构，而 RBL+ 脸壳设计了螺丝扣结构。

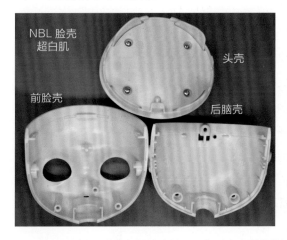
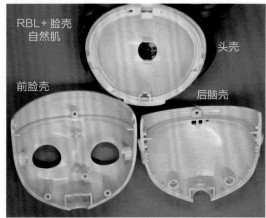

想了解其他更全面的结构分析，可查看本书附带的视频。

1.3 小布不同部件的名称

小布的眼串由眼架和贡丸组成，贡丸上有 4 对眼片，即两对平视的眼片和两对斜视的眼片。

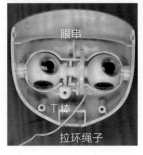

改娃是指改妆师将原妆小布通过卸妆、打磨、雕刻、上妆等一系列改造，创作出新的小布成品娃娃的过程。每个被改造过的娃娃都是改妆师一笔一刀手工制作出来的，体现了改妆师的审美，是改妆师将灵感与技术相结合的成果。

在国内的小布改娃圈子里，有着许多风格各异的出色创作者，她们有的以售卖成品娃为主，有的以改妆为主。改妆成品娃的售卖形式有一口价、盲拍、闲鱼拍卖 3 种，接妆的方式有直送、抽选、积分兑换 3 种。因为改娃的工序复杂，一个全职的改妆师一个月只能改几个娃娃，所以好的改妆师作品总是供不应求。

如果不想等待，那么可以去二手平台收转卖的被改造过的娃娃，不管是改妆师直接出售的，还是玩家转卖的，都会标明娃娃的原型。

娃妆师夏雨的改娃成品"小开心"

1.4.1　被改造过的娃娃的价格

以下为个人了解到的情况。因为市场总是在不断变化的，所以以下内容仅供参考。

用阿拼改造的娃娃的价格一般为 700~15 000 元。

用盒娃改造的娃娃的价格一般在 2000 元以上，最高的时候能达到几十万元。能进行拍卖的被改造过的娃娃基本都是用盒娃改造的娃娃。

改娃的基础成本主要有以下几种。

01 人工成本。

02 所用的原娃：阿拼的价格在 400 元左右，盒娃的价格在 1200 元左右。

03 搭配的素体：所有娃娃都需另配一个关节可动性好的素体，最常用的 Ob24 素体的价格在 170 元左右。

04 4 对眼片：一对玻璃眼片的最低价格为 20 元，一对树脂眼片的最低价格为 50 元。

05 拉环：最低价格为 20 元。

1.4.2　改娃的基本流程

1. 拆娃 + 脑内磨改

01 开脑，并将娃头和原配身体分开。

02 拔睫毛。

03 开全眼、改睡眼。

04 磨改眼眶厚度边，使其不会刮到眼皮。

05 改 T 棒，调整瞳孔的位置。

06 用 1000 目的砂纸将光滑的前脸壳、后脑壳、眼架打磨成磨砂质感的。

2. 鼻子磨改

01 用铅笔绘制鼻子改动的参考线。

02 用平头木工雕刻刀将鼻翼和鼻基底切割得更立体。

03 用圆柱打磨头将鼻梁磨低一些。

04 用橄榄形打磨头打磨出馒头鼻的上端形状。

05 先用大圆打磨头将鼻尖磨低一些，再将鼻尖和整个鼻头过渡成一个圆形的馒头状。

06 用中等圆头打磨头将两侧的鼻翼和鼻头的关系处理出来。

07 用尖头打磨头打出两个鼻孔，但不要刻穿。用最小的圆头打磨头将鼻孔与其周围进行过渡。

08 用 400 目的砂纸将整个鼻子和周围粗磨平滑。

3. 嘴巴和下巴磨改

01 用铅笔绘制嘴巴改动的参考线，用画垂直线的方法确定鼻子和嘴巴的比例。

02 先用大圆打磨头将嘴缝中间打穿，再用刻刀将整条嘴缝线刻穿。

03 先用圆头打磨头给嘴角两侧的腮帮子肉定位，再用橄榄形打磨头加深。

04 用大圆打磨头和圆片刮刀将嘴角的沟与脸颊过渡平整。

05 用尖头打磨头和中圆打磨头加深嘴角窝凹陷的感觉。

06 用刻刀修整上嘴缝的形状，用刻刀和中圆打磨头修整下嘴缝的形状。

07 先用铅笔画出嘴巴和下巴的中轴线，再将唇珠和下唇中部的凹陷画出来。

08 用中圆打磨头将上唇缝中锋利的切面打磨成圆润的转面。

09 用小圆打磨头加深颏唇沟，使下唇显得更厚、更肉。

10 用大圆打磨头将原本的方形下巴改成小圆下巴。

11 以颏唇沟为中轴，用铅笔画出蝴蝶形的下口轮匝肌。

12 用小圆打磨头沿下口轮匝肌的形状打磨出凹陷，并用中圆打磨头按结构过渡好。

13 用尖头打磨头沿重新画的唇珠两侧线条，按照离嘴缝越近的越深、越远的越浅的原理打磨出凹陷。

14 先用中圆打磨头将唇珠两侧的凹陷向四周过渡圆润，再在两侧附近多做一组肉肉的唇纹沟。

15 用尖头打磨头压出下唇中部的凹陷，并用中圆打磨头将分出来的两个下唇珠过渡圆润。

16 用中圆打磨头将嘴角加深和过渡一下。

17 用小圆打磨头雕刻人中。

18 用大圆打磨头打磨出泪沟，使泪沟上缘向卧蚕过渡，使泪沟下缘向苹果肌过渡圆润，使脸更有肉感。

4. 整个头部细磨、制作牙齿、换眼片

01 用 400 目的砂纸将整个头部打磨几次，用水冲干净后，不会有白色的点坑和划痕就可以了。

02 砂纸的打磨顺序是先用 400 目的砂纸进行打磨，再依次用 600 目、800 目、1000 目的砂纸进行打磨。

03 在用 1000 目的砂纸打磨完后才可以刻唇纹，先用铅笔画出唇纹的形状，再用刻刀按纹路雕刻。

04 用圆片刮刀将每条唇纹锋利的边缘刮圆润。

05 用树脂土制作口腔中的牙齿。

06 用热融胶棒换眼片。

5. 绘制底妆

01 在绘制底妆前用清水将前脸壳、后脑壳、眼架清洗干净并擦干。

02 喷第一层消光。

03 若是非白肌头，则用鸦刻粉彩中的白色粉彩将五官范围刷白一遍，重点刷泪沟部分。若是白肌头，则跳过这一步。

04 用鸦刻粉彩中的肤色粉彩刷出眼影底色、T 区大范围色、鼻头底色，注意要绕开泪沟。

05 喷第二层消光。

06 用申内利尔粉彩中的黄棕色粉彩刷出眼影色，用申内利尔粉彩中的橘粉色粉彩刷出晒伤腮红、嘴唇底色。

07 用鸦刻粉彩中的粉色粉彩刷出下眼睑和眼周的粉色，用尤尼逊粉彩中的深粉色粉彩加深鼻头、嘴唇、腮红。

08 用尤尼逊粉彩中的大红色粉彩增加嘴唇和腮红的饱和度，用尤尼逊粉彩中的暗红色粉彩加深嘴缝。

09 用鸦刻化妆刷中的大斜头眉刷画出眉形。

10 喷第三层消光。

6. 绘制线条

01　用棕色丙烯画出眉毛，用白色丙烯在眉头线条中间加上白线，增加层次。

02　用黑色丙烯画出眼线，用棕色丙烯画出双眼皮线和嘴缝线。

03　用鸦刻平头刷加深眼线和双眼皮。

04　用暗红色丙烯画出唇纹、鼻翼、鼻孔。

05　用牙刷弹出雀斑。

06　用粉彩整体加深一下妆容。

07　喷第四层消光。

7. 绘制眼皮、后脑壳

01　在已经喷过消光的眼皮和后脑壳上，用铅笔画出图案的底稿。

02　用水彩上色，在眼皮空白处用粉彩补色。

03　喷第五层消光进行定妆。

8. 整体组装

01　给眼架装睫毛，给嘴唇上光油。

02　用眼泥安装新的眼片。

03　用钢化封层上牙齿并照紫外线灯，在干透后用眼泥将牙齿固定在口腔内。

04　拆解素体，用水晶土加固脖子关节和腰部关节。

05　重新组装素体，如果是 RBL+ 脖子，就安装 BJD 脖卡；如果是 NBL 脖子，就安装 NBL 脖卡。

06　剪掉头壳上原本的假发。

07　更换拉环，组装素体和前脸壳、后脸壳。

08　给光头壳粘头贴。

09　打扮娃娃。

第 2 章

开始小布磨改

脑内磨改 ┃ 鼻子磨改 ┃ 嘴唇 / 下巴 / 泪沟磨改 ┃ 制作牙齿和换眼片

本案例用到的盒娃是 2018 年 5 月款 Seeking Apelles 艺术家。

我们需要准备撬棒、十字螺丝刀和笔刀。

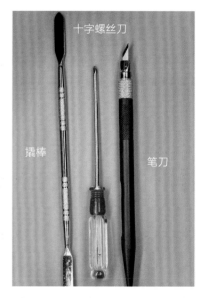

1. 开合脸壳的方法

01 用十字螺丝刀拧开后脑壳上的 3 个螺丝。

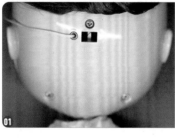
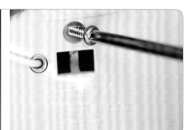

02 用尖嘴钳扯断控制自动换眼的弹簧。

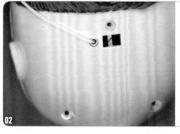

03 将撬棒圆头的一端插入脖口与素体的空隙处，向上撬开一部分。

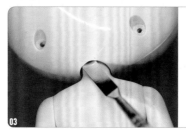

04 用吹风机的热风，在头壳与前脸壳、后脸壳的连接处吹几分钟，目的是让黏合处的胶变软，从而便于切割。用笔刀沿着黏合处切一圈，接着双手水平用力，把前脸壳、后脑壳往左、右两边用力一扯，后脑壳就被拆下来了。

05 用十字螺丝刀拧开头壳和前脸壳上固定的大号螺丝。

06 用十字螺丝刀拧开T棒上固定的大号螺丝。

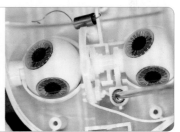

2. 眼串的结构

　　眼串由眼架、贡丸和T棒组成。眼架上白色的是C棒，眼架上的细眶是下眼睑。下眼睑非常薄，而且容易裂。我们平时不要碰或者按压它，在需要对眼架进行操作时，在眼皮处用力即可。

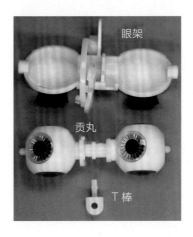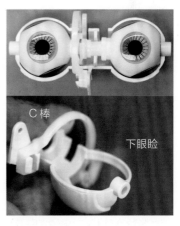

3. 整体拆眼串的方法

　　因为小布的材质是塑料，具有一定的韧性，所以在整体拆眼串的时候，我们可以利用这个特性。

01 用左手的拇指和食指捏住左边的前脸壳，往左边用力扯；用右手的小指卡住右边的脸壳，往右边用力扯。

02 在前脸壳的左、右两边因为受力被扯开一些以后，避开下眼睑，用右手的拇指捏住贡丸，用右手的食指捏住眼皮，一鼓作气把一边的眼串从卡口里扯出来。

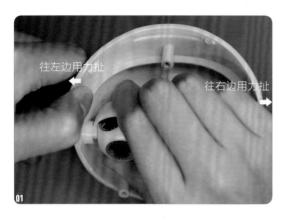

4. 局部拆贡丸的方法

01 将撬棒插入眼架上方的眼皮和贡丸之间的空隙中，用力撬，就把左边的贡丸撬出来了。

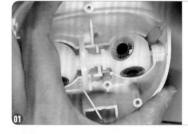

02 双手各捏住两边的贡丸，依照从左到右的方式把两边的贡丸扯出来。

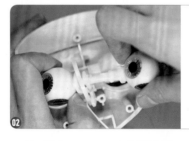

03 用左手捏住左手边的前脸壳，用力往左边掰，同时用右手捏住左手边眼架上的眼皮部位，往右边扯，就能把眼架取下来了。

2.1.1 磨改眼串

通过之前的拆眼串过程可以发现，小布的眼串非常紧，并不好拆卸，但是在后面的磨改和化妆过程中，我们需要反复拆装眼串，所以需要磨短贡丸两端和眼架两端。

01 在正式磨改眼串前，先用尖头钳把原装的睫毛耐心地一小段一小段地拔下来。

02 磨改需要使用砂纸，我推荐使用磨改手办模型用的砂纸。对小布磨改来说，用 320~1000 目的砂纸就可以了。

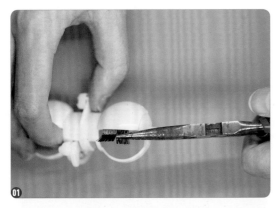

03 将拆下来的贡丸和眼架两端分别在 320 目的砂纸上磨掉 1mm 左右。

04 待打磨得差不多时，把贡丸装回眼架上，不断调试，标准是既比较容易安装，又不会卡不住眼架卡口。把整个眼串装回前脸壳内，也是比较好拆装的程度就可以了。如果不行，就继续微调。

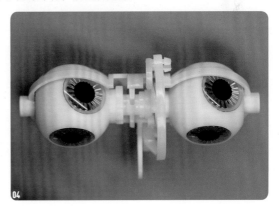

2.1.2　打磨眼皮和全脸表面

剪一小块 800 目的砂纸，把油光发亮的眼皮和脸壳打磨成亚光磨砂质感的，这样方便后面用铅笔画参考线。强调一下，小布的材质是塑料，不耐化学物品的腐蚀，其脸上的妆容不能用任何人用或者手办模型用的卸妆产品，只能用砂纸磨掉。

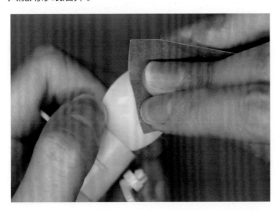

2.1.3　改造全开眼

　　小布原来的眼睛结构是有一部分眼皮露在外面的，显得没有精神。我们需要对脑内进行改造，让眼睛能完全睁开，这被称为开全眼。

01　翻看脑内结构，我们会发现在眼睛睁开的情况下，眼架是通过前脸壳两边的卡口固定位置的，把卡口上缘，也就是和眼架直接接触的小凸起，用笔刀按直角切割的方式切掉 1.5mm 左右。注意：左、右两边的切口一定要平整，不能是斜角的，也不能切得过多，否则会固定不稳眼架。

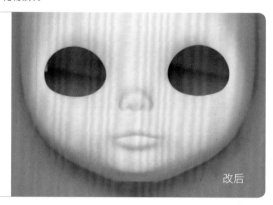

02　在处理完卡口后，我们会发现眼睛已经比之前睁开了一点儿，但是还不够，接下来要用打磨眼皮的方式，直接把耷拉下来的眼皮去掉。用铅笔画出多余的眼皮部分的最高点。

03　使用的打磨机为世新打磨机，转速是从 0 开始的，很适合初学者。世新打磨机的手柄可以本家的手柄，也可以是其他品牌的，只要接口是三孔的即可。

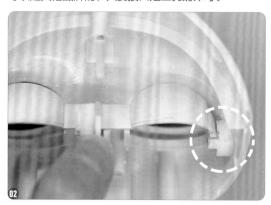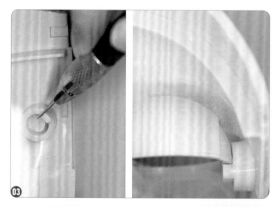

04　使用的打磨头为 2.35mm 柄的金刚石打磨头。

注意：打磨头和手柄的口径必须是一样的。

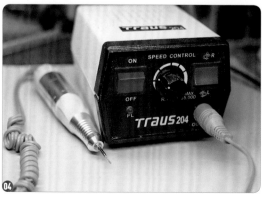

05 把之前画出来的眼皮最高点和眼皮两端连成一条圆弧线，弧线框出来的范围就是需要磨掉的部分。

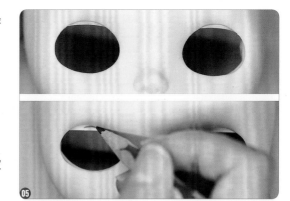

06 用圆柱打磨头把左、右两边上弧线范围内的眼皮都磨掉。

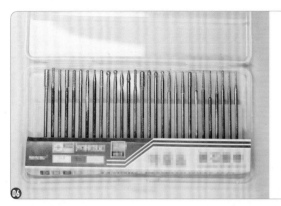

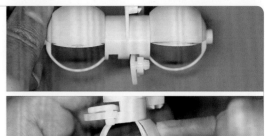

07 用橡皮擦把铅笔稿擦掉，检查一下打磨部分的平整度。在平整度不够高的地方继续打磨或用 400 目的砂纸进行处理。

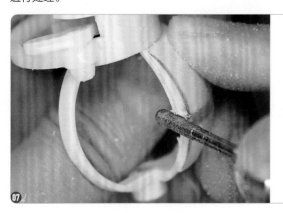

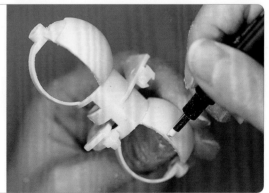

2.1.4 改造眼眶的厚度

    小布原本的眼架和眼眶之间基本没有缝隙，而改妆需要给眼皮上妆，定妆用的消光或者封层胶会增加眼皮的厚度，为了防止后面画的眼皮图案在换眼的过程中被眼眶刮花，我们需要把眼眶改得薄一些。这就涉及眼眶厚度边。那么，什么是眼眶厚度边？眼眶厚度边是指两个眼眶多出来的，往内转折的结构边，去掉它并不会使眼眶变大。

01 先用铅笔画出眼尾和眼头处的厚度边。

02 用大圆打磨头从前脸壳内部把眼尾和眼头处的厚度边磨掉。

03 在打磨的过程中，可以把眼架安到前脸壳上检查一下，查看它会不会被眼眶刮到。如果它会被眼眶刮到，就继续打磨，直到眼皮和眼眶间有足够大的空隙为止。在用打磨头打磨完以后，还要用 400 目的砂纸把两个眼眶打磨平滑。

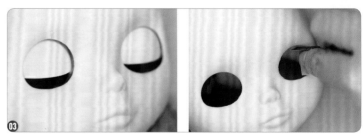

2.1.5 改造眠眼

通过改造眼眶的厚度可以发现，小布原本的眼皮，在闭眼的时候，会有很大的空隙，并不好看。翻看脑内结构，我们会发现这是因为抵住眼架的一处柱体太长了，用圆柱打磨头把它磨掉 1mm 左右就可以了。改造后的眼架，

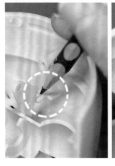  

以在闭眼的时候，留有 1~1.5mm 的空隙为佳，这样在装上睫毛后，也会让睫毛有伸出来的空间。

2.1.6 改造T棒

把完整的眼串安到前脸壳上。在开眼状态下，我们会发现小布的虹膜完全没有被眼眶遮挡到，上、下眼白都露在外面，像是在做瞪眼的表情，不够可爱，而好看的眼睛，虹膜的上缘应该挨着上眼眶。

01 把T棒安回原位，我们会发现它除了能控制眼串的转动，其长度也决定了虹膜会露出多少。

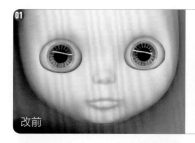

改前　　改后

02 先用铅笔在T棒的杆上画1mm左右的线，再用笔刀按杆子原来的倾斜角度切去画线的部分。在切完后，将其安回原位检查一下虹膜的位置是否合适。注意：不能把T棒切得太短，否则会露出第2对眼片。

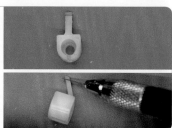

2.2　鼻子磨改

小布原本的鼻子像一个三角形，改后的鼻子更像一个蒜头。

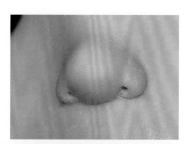

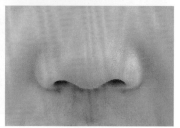

2.2.1 鼻子磨改的原理

小布原本的鼻子是一个朝天鼻，鼻头很尖，而改后的鼻子，从侧面看，像个圆圆的小蒜头。

通过侧面对比可以看出，朝天鼻的鼻孔会外翻，这是因为鼻子和人中的夹角比较大；而改后的鼻子和人中的夹角变小了，鼻孔就不外翻了。

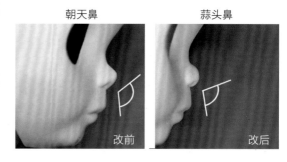

朝天鼻　　　　　蒜头鼻

改前　　　　　　改后

在正式学习鼻子磨改前，我们需要了解鼻子的结构。

鼻子由鼻梁、鼻头、鼻翼、鼻中隔组成，这些部分的不同造就了不同形状的鼻子。

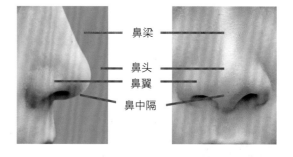

鼻梁

鼻头
鼻翼
鼻中隔

人中两侧和鼻翼交界的三角区为鼻基底。鼻中隔和上唇的夹角为鼻唇角。鼻唇角的理想值为90°~100°，小孩子因为骨头没发育完全，所以鼻唇角一般为95°~105°。

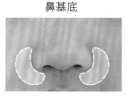

鼻基底

鼻唇角

90°~100°

朝天鼻是由鼻中隔的软骨过短和鼻翼缘后缩造成的。朝天鼻的鼻唇角为105°~125°，鼻子短小，鼻尖上翘，鼻孔外露，所以又被称为猪猪鼻。

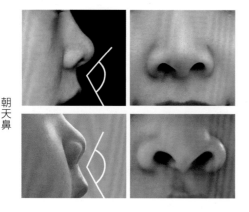

朝天鼻

蒜头鼻的鼻头大而圆，整体看起来肉肉的。蒜头鼻的鼻唇角为95°~105°。

蒜头鼻

小布的眼睛和脸都是圆圆的，类似小朋友的眼睛和脸，所以国内的改妆师主要以小孩子的脸部结构为原型对小布进行磨改。在对鼻子进行磨改时，我们可以参考类似的照片，使鼻子总体比较小巧，鼻梁低矮，鼻孔不会太大和外翻，鼻翼也不会太宽。

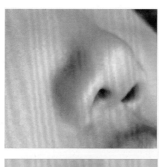
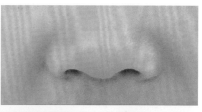

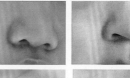
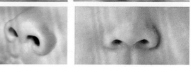

1. 工具介绍

平头木工雕刻刀。下图中的平头木工雕刻刀的宽度为 6mm，初学者可以选用宽度在 4mm 以内的平头木工雕刻刀。

400 目的砂纸和圆片刮刀。400 目的砂纸用于打磨鼻翼沟，还有鼻子整体，使其更加圆润。圆片刮刀用于处理各种切口和坑洼不平的地方。

平头木工雕刻刀

400 目的砂纸

圆片刮刀

打磨机和金刚石打磨头如右图所示。

打磨机

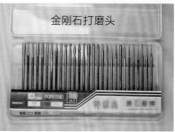

金刚石打磨头

2. 画参考线

01 小布的制作模具为 PVC 铸钢模，为了更好地脱模，鼻子结构做得比较浅，特别是鼻翼、鼻基底这些地方不够深，所以需要用把鼻子整体切小一圈的方式，把鼻子磨改得更立体。

02 将鼻翼两边往内收一些，用铅笔画出参考线。

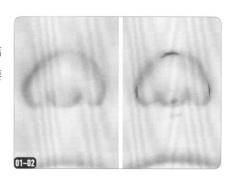

01-02

鼻中隔和人中区域切掉的地方

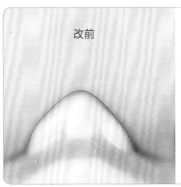

03~04

03 将鼻梁和鼻头的转折点往下移动,画出参考线,这样就可以使鼻头矮一些。

04 原本的鼻子像朝天鼻,为了让鼻唇角在95°~105°的合理区间,需要把鼻中隔底部上移,同时把人中区域的上半部分切掉一部分来形成凹痕。用铅笔把要切出来的凹痕两条边线画出来。

2.2.2 粗刻鼻头大形

01 先用平头木工雕刻刀在鼻翼的铅笔线上,垂直切出深度,再用水平切的方式,把断面从底部切掉。用同样的方法在鼻基底切出更深的凹痕。

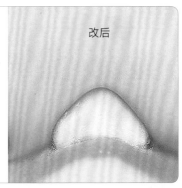

改前　　　　　改后

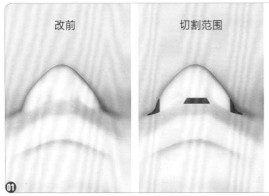

改前　　　　切割范围

01

垂直切

水平切

02 在切完半边以后,就能看到鼻翼已经窄了一些,继续把另一边切完。

03 将400目的砂纸剪成小块,对折,卡进鼻翼和鼻基底的切口,用折边将切口打磨圆润。当折边被磨出白色的粉末时,再对折出一条新的边,继续打磨。

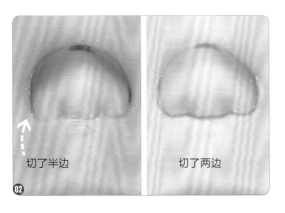

切了半边　　　切了两边

02

03

04 切口的上缘和鼻基底周围有许多坑洼不平的切痕，先用圆片刮刀将其刮平整，再继续用砂纸打磨。

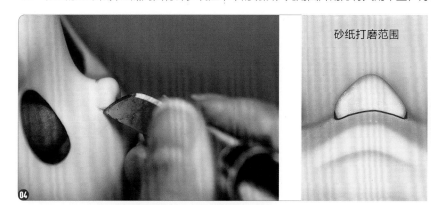
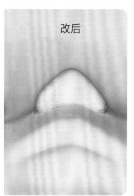

砂纸打磨范围　　　改后

2.2.3 降低鼻梁和磨出蒜头鼻

01 重新画出鼻子的中轴线，并画出鼻头的上弧线。

02 用大圆打磨头将鼻头上弧线外的鼻梁整体磨低一些，以增加小布的幼态感。用小圆打磨头把靠近鼻翼的区域再细磨一下。将鼻梁凹痕边和鼻头部分做平滑过渡。

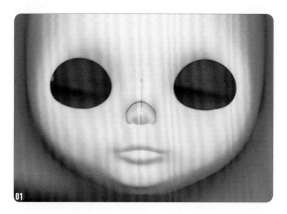
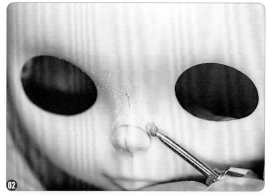

03 在用 400 目的砂纸把鼻梁和鼻头打磨平整了一些以后，鼻头还是太尖了，它需要变得更矮、更圆。先用大圆打磨头把鼻头磨低一些，再过渡圆润。在过渡的时候，把整个鼻头当成一个球体，把这个破损的球体重新变成一个光滑的球体。

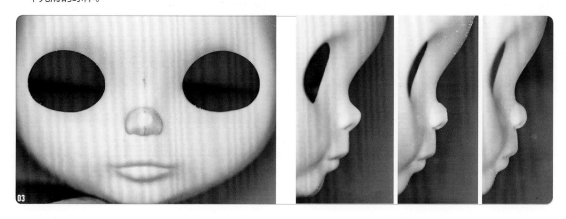

04　在把尖鼻子改为圆鼻子后，通过观察现实中小孩子的鼻子，可以发现改后的鼻子与现实中小孩子的鼻子还是不太一样。

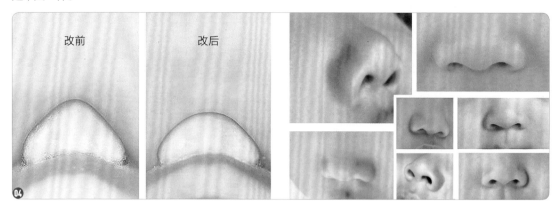

05　可以把现实中小孩子的鼻子的结构理解为一个大圆鼻头和两个小圆鼻翼。

06　先用铅笔在小布的鼻子上画出小圆鼻翼与大圆鼻头的分界线，再用中圆打磨头打磨出凹痕并按球形的结构去过渡。

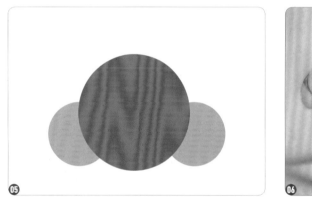

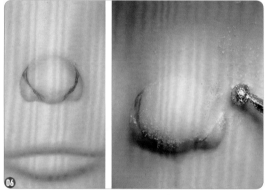

07　用 400 目的砂纸把整个鼻子和鼻梁都打磨平滑。

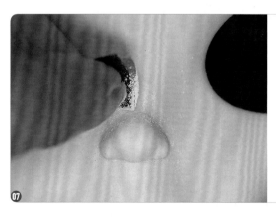

08　在鼻子粗磨平整以后，用铅笔画出鼻孔的位置，找到打磨头里最小的一支尖头打磨头，用少量多次的方式打磨出合适的鼻孔深度。注意：鼻孔不能打穿，也不能太大。

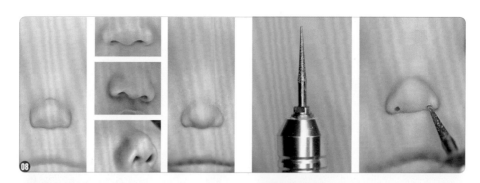

09 在打磨后，用尖头打磨头轻轻地把鼻孔周围修圆润一些。至此，鼻子的磨改就大致完成了。

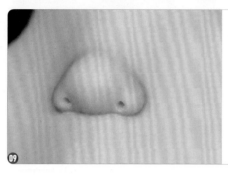

视频

2.3 嘴唇/下巴/泪沟磨改 视频

　　和鼻子一样，对小布嘴唇的主流审美标准也是 10 岁以下儿童的嘴唇，强调幼态：短人中、肉肉的下唇，还有嘴角边的脸颊肉肉感。嘴唇的磨改在小布整体的改造中占有非常重要的位置，通过对不同嘴形的塑造，可以让小布呈现出丰富的表情，如委屈（瘪嘴）、腼腆（抿嘴）、发呆（微张嘴）、开心（大开嘴）等。

小布开嘴过程

　　本次磨改的嘴唇是全开嘴，全开嘴是最受欢迎的嘴形之一。全开嘴能把小布呆萌、娇憨的一面体现出来，而且全开嘴可以在结构上缩短人中，让小布显得天真可爱。磨改后的嘴唇变窄了，而短人中又使上唇变厚了。

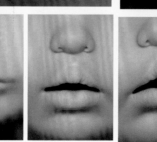

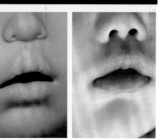

嘴唇的磨改工具和鼻子的磨改工具类似。在正式磨改之前，我们先来了解一下嘴唇及其周围结构的名称。

用铅笔画出参考线：首先要确定嘴角的位置，在不咧嘴笑的情况下，嘴唇的宽度与鼻子的宽度的比例在 1.4：1 左右更好看，从鼻翼拉垂直线到原有的嘴缝线去确定嘴角的位置；再画出嘴角边的脸颊肉纹，以及颏唇沟等。

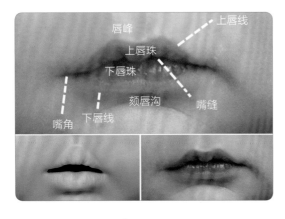

用刻刀修出嘴洞形状线：使用 0.5 橄榄核微雕尖刀，按下图所示的角度和方向，少量多次地把嘴缝挖穿。注意：挖穿的嘴缝还在原始的那条嘴缝的位置。小布的材质很硬，不能用蛮力挖太深，因为刀头容易打滑，容易将脸上的其他地方划破。

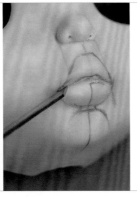

2.3.1　嘴角纹的结构讲解与雕刻

小孩子脸颊上的肉比较多，会垂下来在嘴角处形成囔囔肉。小布的原始嘴角位置也有不太明显的肉嘟嘟脸颊的结构，因为我们已经把嘴角变窄了，所以原嘴角纹也要随之改变。我们可以注意到纹路最深的地方在嘴角处，并往下颌处舒展开。

01　以嘴角为最深处，用中圆打磨头，沿参考线打磨出一条凹痕。用橄榄形打磨头的尖端加深下唇嘴角。

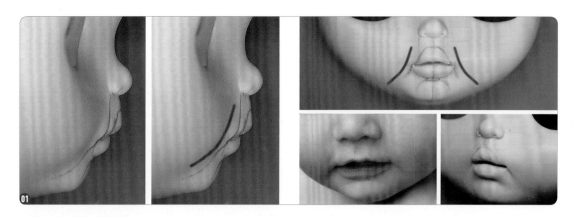

02 用中圆打磨头将凹痕两边断面与衔接的地方过渡平整。

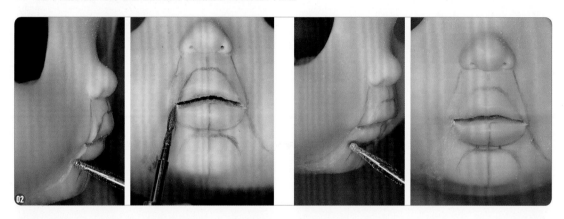

03 因为小布原始的嘴角结构还在原处，所以需要用大圆打磨头把这里磨平。

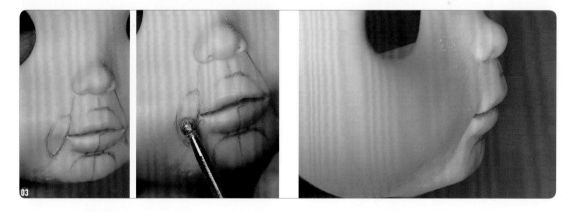

2.3.2 上唇结构初磨

01 在把另一边的嘴角纹也打磨完后，用 400 目的砂纸继续打磨和修整。

02 自然放松状态下的全开嘴，上唇部分是 M 形的。用铅笔重新画出 M 形参考线，并用笔刀沿线切割。

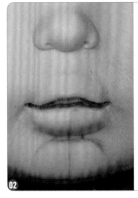
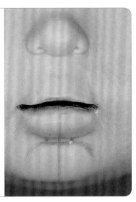

03 注意：在磨改嘴洞的时候，尽量只切上唇的结构，因为下唇的位置和脖洞的卡口是连在一起的，要避免切到卡口位置。如果已经切到了，那么可以用中圆打磨头把用黑色铅笔画的部分打磨成凹陷部分。

04 用铅笔重新画参考线，同时把唇珠两侧的线条、下唇珠的分界线、人中画出来。

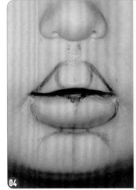

05 在开嘴洞时，上唇切开的地方转折处非常生硬，转角近似直角，用大圆打磨头把此处打磨成圆角的。

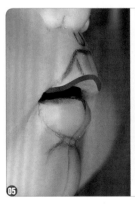

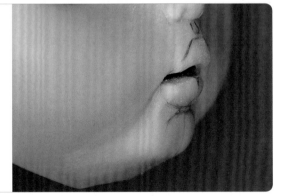

2.3.3 下巴和口轮匝肌磨改

01 颏唇沟位于下唇和下巴转折凹陷处。用小圆打磨头沿参考线打磨出颏唇沟。注意：中轴线的地方是最凹陷的。

02 小布原本的下巴是一个比较宽的方下巴，并且下巴中间有一个凹陷，很像成人的下巴。小孩子的下巴一般是小圆下巴，并且下巴中间是鼓起来的。先用铅笔把方下巴画成圆下巴，再用大圆打磨头把两边参考线的位置磨掉一些。

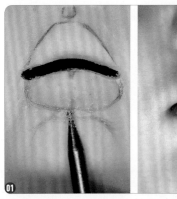
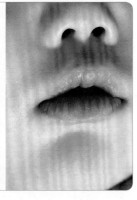

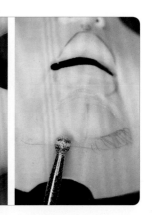

03 用 400 目的砂纸把下巴打磨平整。在打磨的时候要沿着各处结构的弧度，因为打磨的目的是让结构更清晰、让下巴更平滑，而不是把好不容易做出来的立体结构又变成平面结构。

04 整个嘴唇的外圈是被称为口轮匝肌的结构，而下唇与下巴的过渡区域是像蝴蝶形的下口轮匝肌。用铅笔画出参考线。

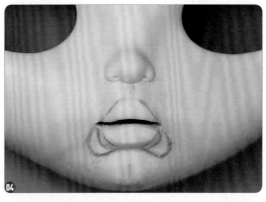

05 用中圆打磨头沿着蝴蝶形的参考线打磨出凹痕，并继续打磨过渡凹痕的断面。在打磨的时候，要记住嘴角和颏唇沟是下口轮匝肌最凹的两个终点。下口轮匝肌本身像是下巴上鼓起来的两个小包，蝴蝶形的参考线就是这两个鼓起来的小包的边缘，把这种肉感塑造出来，嘴唇整体就显得真实、可爱。

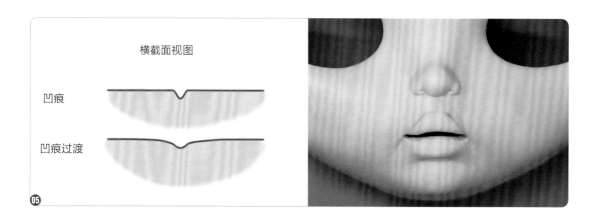

2.3.4　嘴唇和泪沟雕刻

01　重新把上唇珠两侧的线条画出来。通过按压的方式，用尖头打磨头压出上唇珠的边缘形状。这里要注意的是，上唇珠的宽度一般只比两个鼻孔窄一些。

02　把上唇珠当成一个圆形，用圆头打磨头过渡圆润。

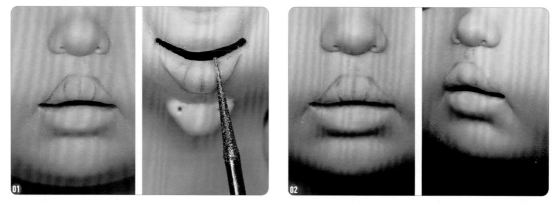

03　因为小孩子脸颊上的胶原蛋白非常多，所以其嘴唇比起成人的嘴唇更有肉感，这表现为上唇珠和下唇珠上会有多处鼓起。和前面一样，用尖头打磨头和圆头打磨头把鼓起塑造出来。

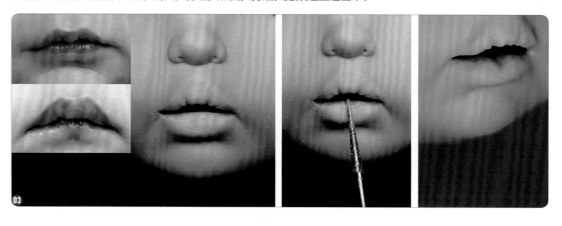

04 小孩子的脸颊部分是鼓起来的，后面随着年龄的增长会变得平坦。面中部的苹果肌和眼袋衔接的线就是泪沟，用铅笔画出泪沟和人中的范围。

05 用小圆打磨头把人中打磨出来，靠近唇缝线的地方应深一些，靠近鼻基底的地方应浅一些。用大圆打磨头把泪沟打磨出来，靠近眼尾的地方深一些，靠近眼头的地方浅一些。

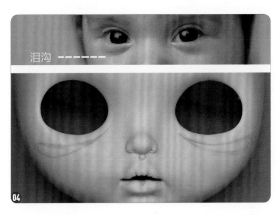

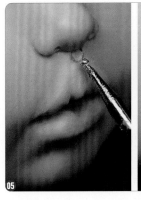

06 在打磨完以后，用 400 的目砂纸将其打磨平整。注意：当靠近眼头部位时，要把砂纸对折，用折边去打磨。

07 在打磨完人中和泪沟以后，就差唇纹没有雕刻了。因为唇纹太细了，是没法在雕刻完以后用砂纸打磨的，所以我们需要在雕刻唇纹前把整个头部用 1000 目的砂纸进行打磨，这时就达到上妆的平滑度了。打磨小布一般不会用到 1000 目以上的砂纸，因为打磨得像镜面那么滑，不容易挂得住上妆需要的消光，从而容易脱妆。

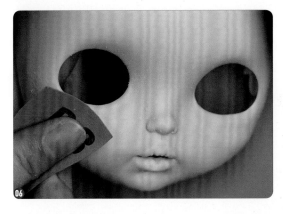

08 再来介绍一下砂纸，在下图（左图）所示的 5 个目数里，最粗的是 320 目，最细的是 1000 目。一般来说，除了脑内磨改会用到 320 目的砂纸，其他全脸的雕刻塑造用的都是 400 目的砂纸。当我们用 400 目的砂纸把脸磨到没有坑洼和刀口深划痕时，就可以改用 600 目的砂纸继续打磨了。砂纸换目数的原理是，用较细的砂纸打磨出来较细的划痕，去替代之前用较粗一些的砂纸打磨出来的较粗的划痕。先用 600 目的砂纸将全脸打磨 3 遍，再用 800 目和 1000 目的砂纸分别将全脸打磨 3 遍，直到整个脸壳用手摸起来已经有些滑时，去水龙头下把脸壳冲洗干净，并用台灯仔细检查还有没有需要继续打磨的地方，反复几次，直到像下图（右图）所示的那么平滑为止。

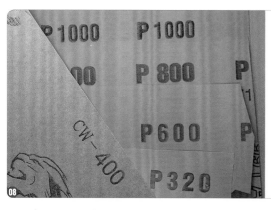

2.3.5 唇纹雕刻

01 将人的唇纹放大来看会发现，它有些像一个个 y 字和微曲的短弧线交错在一起。用铅笔在嘴唇范围内画出纹路。注意：不要画到上唇峰线上。

02 用 0.5 橄榄核微雕尖刀轻轻雕刻出唇纹。小孩子的嘴唇是非常饱满的，如果将唇纹雕刻得过深，就会像缺水干裂一样。

03 用圆片刮刀把每条唇纹凹痕的两边都刮平整。

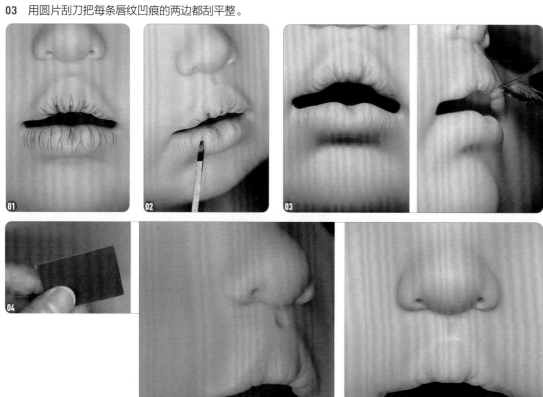

04 在调整得差不多以后，依次用不同目数的对折的砂纸把唇纹打磨平整，并用水冲洗干净。

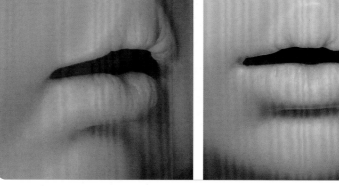

2.4 制作牙齿和换眼片

2.4.1 制作牙齿

　　制作牙齿需要用到白色粉彩、红色粉彩、笔刀、树脂黏土（颜色选通透白，即下图中的水晶素材色）、美甲紫外线灯、400目的砂纸、美甲钢化封层。

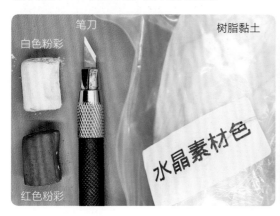

01　因为人的牙齿是有透明质感的，所以在选树脂黏土的时候，不能选实心白色的，而要选通透白的。用笔刀刮一些白色粉彩，将其加入树脂黏土中，以增加它的白色显色度（如果不加粉彩，风干后的树脂黏土就会像透明蜡烛一样，不像牙齿）。树脂黏土是自然风干的，不用加任何助剂，也不用放进烤箱。因为树脂黏土干得很快，所以在整个制作牙齿的过程中，我们的动作一定要快。对于用完以后的树脂黏土，我们一定要用封口袋密封装好，否则它会变干。

02 用手将树脂黏土搓成一个长条，长条的直径和两颗牙齿的宽度差不多。

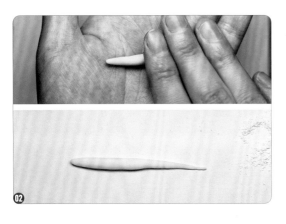

03 用笔刀将长条切下一小段，并在中间横切一刀。

04 等树脂黏土干透后，用400目的砂纸将其打磨平整。

05 用笔刀削一点儿红色粉彩，将其加入新的树脂黏土中，做成用于制作牙龈的树脂黏土。将用于牙龈的树脂黏土薄薄地包裹住牙齿就可以了。我们可以多做几个不同宽度和大小的牙齿，方便后面选择合适的来用。

06 待牙齿干透后，用美甲钢化封层将其加固。在给牙齿刷上薄薄的封层胶后，用美甲紫外线灯将牙齿照两分钟。

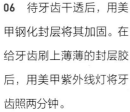
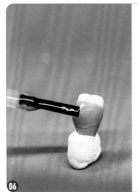

2.4.2 换眼片

眼睛是心灵的窗户，小布的眼睛在脸上的占比很大，所以精致的眼片可以在很大程度上提升小布的颜值。如今，改娃圈使用的眼片主要是玻璃眼片和树脂眼片（一对玻璃眼片的价格是 35 元起，一对树脂眼片的价格是 50 元起），款式丰富多样。

换眼片需要用到树脂眼片（本案例用到的树脂眼片由松本团子提供）、热融胶棒、打火机。

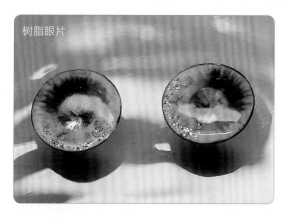

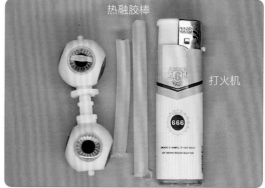

01 在换眼片之前，需要用热融胶棒将原始的塑料眼片取下来。先用打火机融化一点儿热融胶，再按压到眼片上。注意：不要将胶水涂到眼白上。

02 用力扯出塑料眼片。

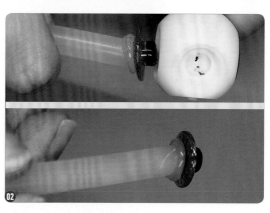

03 准备好粘眼片要用的眼泥——白色的蓝丁胶。

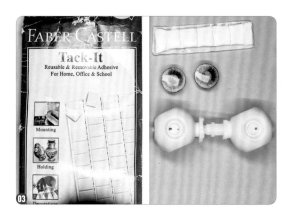

04 先取少量的蓝丁胶粘到眼片背后，再隔着化妆棉之类的柔软、干净的物品按进贡丸中，依次将 4 对眼片安装好。

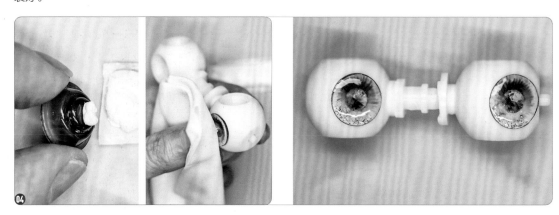

化妆工具与欧风妆容

3.1 防护工具和消光保护漆 _{视频}

目前，小布的定妆产品以喷罐消光为主。在喷涂消光的过程中会有有毒气体产生，所以我们需要在室外佩戴防毒面罩进行操作。如果没有天台这样的地方，那么可以在阳台和通风好的楼道内进行操作，不要干扰别人。

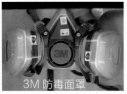

3M 防毒面罩

我推荐 3M 防毒面罩，它的过滤盒可以替换，一般 3 个月到半年换一次。

消光的气味比较大，如果戴上防毒面罩后依然能在使用中闻到消光的味道，就意味着没有密封好，可以通过拉紧气阀两边和脖子后面的松紧带来解决问题。

在喷消光时需要戴一次性手套，如聚乙烯手套或者丁腈手套。

在讲消光的使用方法前，我们先来简单介绍一下消光。消光的成分是合成树脂。目前，大多数改妆师用的都是油性消光，在使用时需要佩戴防毒面罩。因为油性消光的漆面更牢固，不像水性消光那么容易脱妆，所以目前油性消光是主流。使用较多的消光是以下两款：郡士 B514 消光和郡士 B523 抗 UV 消光。

因为消光在落到小布的头上之前，会和空气中的水分接触，所以我们在喷消光之前，最好查看一下当天的湿度，如当湿度为 59% 时就很适合喷消光。

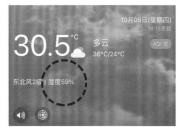

当湿度很大时，如下雨时，千万不要喷消光。如果喷了，消光干了以后就会像结了白霜一样，只有在用砂纸把整个头部打磨干净之后才能继续喷消光。

除此之外，我们还要注意最近 7~15 天的天气情况，如果降雨频繁，那么即使想喷消光的当天没有下雨，湿度也不大，也不适合喷消光。

在确定可以喷消光后，左手戴上一次性手套，抓住前脸壳内的杆子，右手按住消光的喷头，将蓝色的喷嘴对准前脸壳。

用消光在前脸壳上快速横扫，喷 7 秒左右就可以了。喷完后，在室外拿白色的打印纸垫一下，晾 15 分钟就干透了。

间距约为 20cm

┤ 小贴士 ├

很多人在刚开始学喷消光的时候，会以为两个手是固定不动的，用右手食指按下喷头并保持 7 秒左右就可以了。实际上，在这 7 秒的时间里，右手是会向两边小幅度移动的，也就是"横扫"，具体手法在本书附带的视频教程里有演示。右手在喷的时候轻微移动是为了让消光能喷到两边脸颊、额头、下巴这些地方。如果右手固定不动，就只能喷到鼻子及其周围。

消光喷涂手法
示范

3.2 粉彩底妆和线条绘制工具

在介绍粉彩之前，我们先了解一下为什么画娃妆不能用人的化妆品。粉底、腮红、眼影等的使用范围都是人的皮肤，其中会有很多保湿和护肤的成分，以便用在人脸上不会卡粉。画娃妆虽然也属于化妆，但整个上妆手法更像是拿颜料在画画，所以我们用到的画娃妆的工具基本是画画用的工具。

市面上的传统粉彩品牌有史明克、申内利尔、樱花、雄狮等，新兴的粉彩品牌有鸦刻等。粉彩包括软粉和硬粉。在使用硬粉时，我们需要用刀把粉彩条刮成粉末状。在使用软粉时，我们可以直接用刷子蘸取。樱花粉彩和雄狮粉彩主推的是硬粉，价格比较低。史明克粉彩、鸦刻粉彩、尤尼逊粉彩、申内利尔粉彩都是软粉。

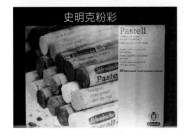
史明克粉彩

鸦刻 BJD 修容粉彩

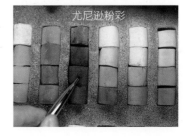
尤尼逊粉彩

擦擦克林

气吹

散粉刷

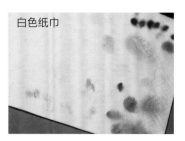

白色纸巾

擦擦克林类似于橡皮擦，能擦除画错的妆容，气吹和散粉刷用来清理娃娃脸上的余粉，白色纸巾用于试色。

鸦刻化妆刷

我们用到的化妆刷是鸦刻化妆刷，它们各自的名称和用途如下。

1号：小圆扁头刷，用于细节的绘制，如眼妆细节和人中的绘制。

2号：小斜头刷，用于细节的晕染，如双眼皮和眉尾的晕染。

3号：大斜头刷，用于眉毛的绘制。

4号：大圆扁头刷，用于大面积底色的绘制，如眼妆底色、唇色的绘制。

5号：小圆头刷，用于鼻头和眼尾的绘制。

6号：大圆头刷，用于腮红的绘制。

卧蚕刷：用于双眼皮和眼眶的加深。

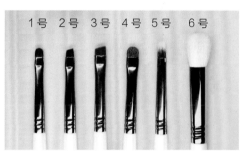

下面来看线条绘制工具。

可用于绘制小布妆容线条的工具比较多，但是改娃圈的主流工具是水溶性彩铅和丙烯。

水溶性彩铅是最容易上手的画线工具，下笔的时候有触感，而且非常容易修改。目前，改娃圈依然有大部分改妆师将水溶性彩铅作为画线工具：将其直接削到最尖，用棕色和黑色水溶性彩铅画主要线条，用红色水溶性彩铅画唇纹。在修改的时候，用擦擦克林轻轻擦一下即可，对于难以擦除的地方，可以蘸取清水来擦除。

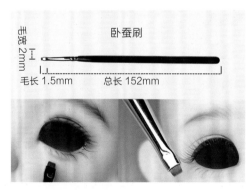

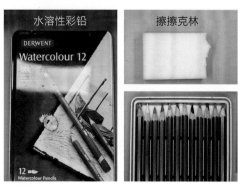

水溶性彩铅

擦擦克林

在使用丙烯时，我们需要准备两个一次性杯子装清水，还要在调色盘中加水，将丙烯稀释到合适的浓度。

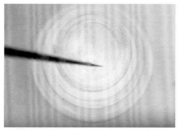 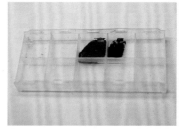

我推荐使用马利丙烯，因为用它画出来的线条更细致；或者用一些预调丙烯，搭配 000 号描线笔使用。

准备一张白色的打印纸，用来调色和吸去描线笔上多余的水分。

马利丙烯

描线笔

3.3 底妆色彩知识

从过去几年的娃妆线下课中，我发现自己的很多学生是零基础的初学者，并且大部分人没有美术基础。而且，我注意到市面上的手作书是以直接给出颜料色号的方式，让读者能够快速运用的。这让我想起了在刚接触 Photoshop 的时候，我也是直接参照网上的教程去修改图片的，但效果都不太好。在教学中，我更希望学生能学到扎实的基本功，在看到好的妆容时，能明白为什么好，从课前的"外行看热闹"转变为课后的"内行看门道"。

3.3.1 色彩的构成原理

很多初学者画的妆容存在色彩主次不分等问题。当然，并不是说那样不可以，毕竟改妆是充满童趣的，很多时候一些类似儿童画的不羁手法更容易让人眼前一亮。但是，如果大家掌握了更系统的美术知识，以后就能在画不同风格的妆容时更得心应手。本节所教的妆容是比较唯美的妆容，也是在改娃圈受众很广的妆容。下面从色彩的构成原理开始讲起。

原色又称第一次色，或称基色，即用以调配其他颜色的基本色。原色的饱和度最高、最鲜艳，可以调配出绝大多数颜色，而其他颜色不能调配出三原色。

色光三原色：来自人眼对光的识别；光的三原色是红色、绿色和蓝色，这3种颜色的光相加会成为白色光。

颜料三原色：绘画中常用到的品红色、黄色、青色。颜料三原色可以被按照不同的比例混合出所有颜料的颜色，将3种颜色相加会调和出黑色，黑色、白色、灰色属于无色系。后面说到的颜色都是基于颜料三原色的。

间色：又叫二次色，由两种原色调配而成。红色与黄色可调配出橙色；黄色与蓝色可调配出绿色；蓝色与红色可调配出紫色。

复色：又叫再间色、三次色、复合色，由原色与间色相调或用间色与间色相调而成。

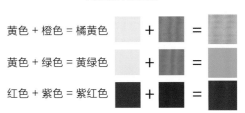

色光三原色

	红色
	绿色
	蓝色

颜料三原色

	品红色
	黄色
	青色

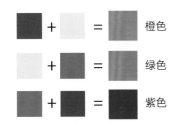

间色：由两种原色调配而成。

橙色
绿色
紫色

复色：又叫再间色、三次色、复合色，由原色与间色相调或用间色与间色相调而成。

黄色 + 橙色 = 橘黄色
黄色 + 绿色 = 黄绿色
红色 + 紫色 = 紫红色

色相环

红色
紫红色　橘红色
　复色　原色　复色
紫色　　　　　　　　橙色
　间色　　　　　间色
蓝紫色　复色　　复色　橘黄色
　　　　色相环
蓝色　原色　　　　原色　黄色
　复色　间色　复色
蓝绿色　　　　　黄绿色
　　　绿色

十二色相环：由原色、间色和复色构成。

冷/暖色：在色相环中，红色、橘红色、橙色、橘黄色、黄色为暖色；黄绿色、绿色、紫色、紫红色为中性色；蓝紫色、蓝色、蓝绿色为冷色。

色彩的三要素：一切色彩都具有三大属性——色相、明度、饱和度，即色彩的三要素。色彩的三要素中的任何一个要素改变，都将影响原色彩的面貌。

明度：也叫亮度，是指色彩的明亮程度，我们可以理解为，在这个颜色里面加了多少白颜料，或者加了多少黑颜料。颜色的明度越高，给人的感觉就会越干净。

饱和度：也叫纯度。饱和度越高，颜色越鲜艳；饱和度越低，颜色越接近于灰色。高饱和度能对人产生视觉和心理上的刺激。低饱和度能带给人安静和稳定的感受。

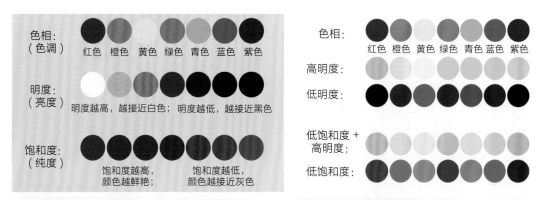

高明度的妆容

高饱和度的妆容

低明度的妆容　　　　低饱和度的妆容

我们在绘制小布妆容的时候，多用明度高的颜色，就会让小布显得清新、可爱；多用明度低的颜色，就会让小布显得阴郁和复古。一般来说，明度高的妆容适合搭配明快的现代风衣服；明度低的妆容适合搭配个性的亚文化服装、哥特装扮等。

在小布的妆容中，高饱和度的妆容可以表现青春和活力，也可以表现优雅和华丽；低饱和度的妆容温和、耐看，适合搭配柔和色调的衣服，如米色的衣服、莫兰迪色的衣服等，也适合搭配各种复古裙。

3.3.2　不同粉彩的颜色差异

雄狮粉彩的 60 色以高饱和度的颜色为主。它看起来像一个色相环，饱和度很高，虽然在明度上有一些变化，但应用在娃妆上会有局限性，因为它缺少柔和的低饱和度颜色。在质地上，雄狮粉彩属于硬粉，不能直接使用，需要用刀把粉彩条刮出粉末后才能被刷子蘸取。

申内利尔粉彩的 40 色（基本色）以高饱和度的颜色为主，比雄狮粉彩的 60 色少了很多绿色，加入了一些低明度的灰彩色，整体看起来没有那么刺眼了。

高饱和度
+ 原色相

雄狮粉彩
60 色

申内利尔粉彩
40 色（基本色）

高饱和度
+ 低明度

申内利尔粉彩的 40 色（人像色）以低饱和度的颜色为主，并包含少量原色和复色，整体比较像油画人像的配色，视觉上比较柔和，适合画娃妆；唯一不足的是粉色系颜色较少，需要改妆师自己调色。

尤尼逊粉彩的 380 色的颜色很丰富，包括高饱和度和低饱和度的颜色，以及高明度、中明度、低明度的颜色，但实际用到的颜色比较少。

申内利尔粉彩
40 色（人像色）

低饱和度
+ 原色 + 复色

尤尼逊粉彩
380 色（1/4 分装）

3.3.3　如何购置性价比高的粉彩

如何才能买到适合用来绘制小布妆容的性价比高的粉彩呢？有经验的改妆师是这样做的：先购置一套申内利尔 40 色（人像色）的粉彩，再购买几支申内利尔的粉色系和橘色系粉彩。

如何解决粉彩中高明度和低饱和度颜色缺失的问题呢？虽然申内利尔粉彩中有不少浅色系和灰粉色系粉彩，但将它画在娃娃脸上就会发现，白色和其他浅色的粉彩的遮盖力很差，不显色。解决方法：利用鸦刻BJD修容粉彩的高遮盖力，在实际绘制妆容的时候，用鸦刻BJD修容粉彩的3个色和申内利尔粉彩的颜色相混合，就能方便、快捷地调出我们想要的柔和的颜色。

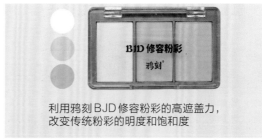

利用鸦刻BJD修容粉彩的高遮盖力，改变传统粉彩的明度和饱和度

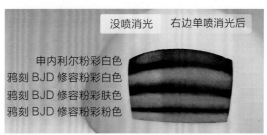

3.4 妆容色彩搭配

右图所示的妆容的色彩是由粉色和棕色构成的，用到的色彩是申内利尔粉彩的40色（人像色）：52号胭脂红是腮红和口红的主要用色；428号微红棕灰色和61号深褐色是眼影的用色；780号大红色用于加深腮红；127号橘黄色和342号橘红色是额头、鼻子的用色；406号深红紫色用于加深眼头；474号黑色用于刷黑眼线和加深眉尾。

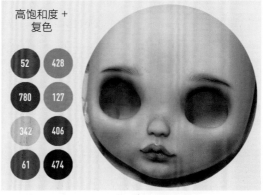

高饱和度 + 复色

低饱和度和中等明度的妆容是目前改妆圈最好搭配的妆容之一，对应到人类的妆容中，就相当于大地色系的百搭妆容，没有特别艳丽的颜色，不容易让人产生视觉疲劳，很耐看。685号橘粉色是腮红和口红的主要用色；402浅卡其色和115号浅橘黄色是鼻子、额头的用色；780号大红色用于加深嘴唇和眼头；83号橘粉色用于加深腮红；104号橘棕色和61号深褐色是眼影的用色；474号黑色用于刷黑眼线和加深眉尾。

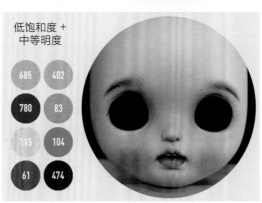

低饱和度 + 中等明度

在画底妆前喷第一层消光。

01 因为这次使用的小布是自然肌，画比较唯美的妆容会显得肤色深，所以我用鸦刻的白色粉彩和大圆头刷将脸壳刷一遍，让脸壳变得更白，着重刷眼眶的周围。

02 在刷白以后，喷一层消光定色。如果使用的脸壳是超白肌和奶油肌，那么可以跳过这一步。

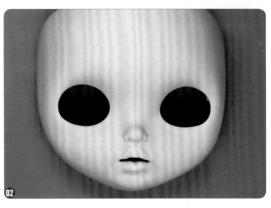

03 给T区、泪沟、腮红这几个连在一起的大区域上一个总的底色。也许有人会疑惑为什么要给这个区域上色，这是因为小布的脸很扁、很大，两个眼睛之间的距离较远，如果什么颜色都不上，就会显得空荡荡的。给这个区域上一个比脸壳本色深一点儿的肤色的颜色。

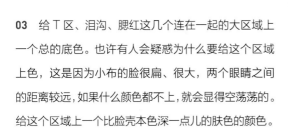

04 用大圆头刷蘸取鸦刻的肤色粉彩，在左图所示的框线范围内进行平扫，将鼻梁和鼻头都扫到。

在平扫的时候，我们使用刷子的手法是非常轻柔的，千万不能用力刷。遇到做错的地方，就用擦擦克林轻轻地修改一下。在扫到泪沟的时候，需要换成容易控制方向的大平刷，并按如左图标示的那样将泪沟空出来，只刷腮部。

05 用大平刷蘸取一个暗点的橘黄色粉彩（或者申内利尔粉彩中的 104 号粉彩），将腮部加深一些。

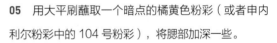
橘黄色粉彩的加深范围

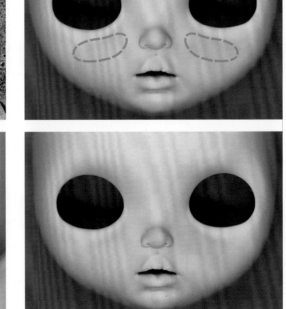

粉红色粉彩的上色范围

06 用大圆头刷蘸取鸦刻的粉红色粉彩，在框线范围内（需要刷腮红的地方），用打圈的方式刷腮红。

3.6 局部底妆的画法

在画完面积较大的浅色底妆后，要开始为五官画底妆，也就是画眼影、鼻头、嘴唇、腮红、眉毛，这些局部妆容并不需要画得很浓，总体上和谐、自然就好。在画完妆容的线条以后，再加深一次妆容。

3.6.1 给眼部和鼻头上色

01 用大平刷蘸取一个暗点的橘黄色粉彩，刷出眼影的大范围颜色。

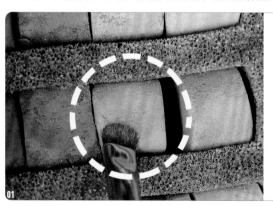

02 继续用这个橘黄色粉彩和鸦刻的粉红色粉彩，在白色纸巾上混合出中等明度的橘粉色粉彩，均匀地刷在整个鼻头上。

  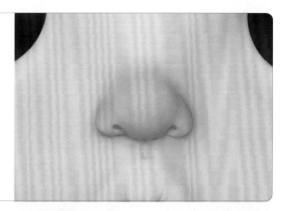

03 到这一步的时候，整个妆容已经呈现出柔和的暖色调。

04 用小平头刷蘸取申内利尔粉彩的 61 号深褐色粉彩，刷在上眼眶的边上。

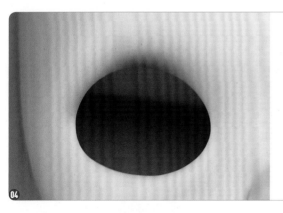 

3.6.2 给下眼眶和嘴唇底妆上色

01 先用小圆头刷蘸取大红色粉彩（或者申内利尔粉彩的 780 号大红色粉彩），再蘸取鸦刻的粉红色粉彩，在白色纸巾上混合出显色度高的粉色粉彩，刷在下眼眶上。

02　和前面的下眼眶用色一样,将嘴唇平刷一遍。注意:先将上、下唇线用粉色粉彩勾画得明显一些,这样嘴唇会更有肉感;再单独用大红色粉彩将主要的几条唇纹加深,让整个嘴唇的颜色有深浅变化。

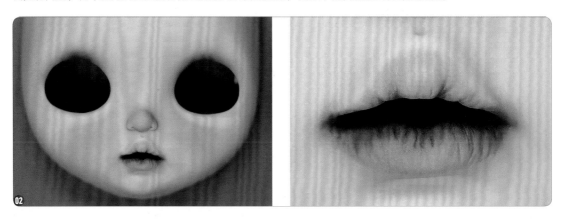

3.6.3　腮红和嘴唇的加深

　　用鸦刻的粉色粉彩和申内利尔彩粉的 780 号大红色粉彩调出饱和度更高的粉色粉彩,用来加深腮红。在加深的时候记得用擦擦克林辅助修改。虽然腮红的面积比较大,但并不是两团大红色,所以我们要边画边用大圆头刷往四周晕染,让腮红有自然的深浅变化。

　　用深红色粉彩(或者申内利尔粉彩的 406 号深红紫色粉彩)加深嘴唇,让嘴唇的颜色有深浅变化,呈现肉肉的立体感。

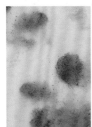   

3.6.4　各类眉毛的特性与眉形参考

　　挑眉指的是眉尾上挑的眉形，挑眉整体离眼睛比较近，显得精明、有气势。粗挑眉适合男孩，细挑眉适合有个性的女孩。

粗挑眉

细挑眉

　　八字眉和委屈眉是同类型的眉毛，都是眉尾低于眉头，可以表现出无辜和委屈的感觉。八字眉表现的委屈程度较轻，更侧重于表现无辜的感觉；委屈眉表现的委屈程度较重，一般可以搭配流泪的效果。

　　低平眉整体都很平整，没有什么起伏变化，表现的是安静、温和的感觉；高弯眉整体离眼睛比较远，眉头略高于眉尾，给人呆萌、放松的感觉。

八字眉

委屈眉

低平眉

高弯眉

3.6.5　把眉毛画对称的诀窍

　　很多人在画眉毛的时候会觉得把眉毛画对称是个大难题，那么，我们来看下把眉毛画对称有什么诀窍。

　　很多手机的相机自带九宫格构图功能，我们可以在画完眉毛后通过拍照去查看眉毛是否对称。

　　眼尖的读者应该已经发现了，小布本身的眼睛就是不对称的。小布的左眼（图的右手边）明显高于右眼，所以我们在画眉毛的时候其实也做不到完全对称（如果要想让眉毛和眼睛的距离一样，就会出现两边眉毛一高一低的情况）。那么，到底怎么做会比较好呢？我的建议是将左眼上方的眉毛画得离左眼稍微近一些，不要画出明显的高低眉，小布的可爱之处在于生动，一些不完全对称有助于打造其生动的形象。

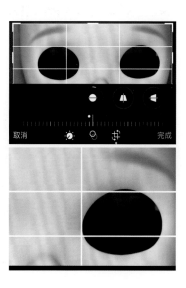

3.6.6 画眉毛

现在我们来正式画眉毛，使用的工具是大斜头刷，蘸取的粉彩是申内利尔粉彩的 428 号色或者其他棕色粉彩。

01 先用大斜头刷画出眉毛的大致走向，画得轻一些，这样方便在画错的时候修改。

02 继续用大斜头刷加粗眉毛。眉尾可以浓一些，让整个眉毛有深浅和浓淡变化。

03 因为本案例要表现可爱、有元气的感觉，所以不能把眉毛画得太低，高一些的眉毛会显得开朗、活泼。眉毛没有画得很浓，因为底妆画得太浓不方便修改。在画完眉毛以后就可以喷消光了。如果你担心自己在画眉毛的时候，会因为反复修改而将眼妆擦毁，那么可以在画眉毛之前就薄喷一层消光将前面的妆定住。

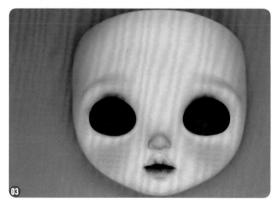

在画完底妆后喷第二层消光。

3.7 用丙烯画线条及妆容加深

因为用丙烯画的线条较难修改，所以在正式画在脸壳上之前，可以先用白色的打印纸和铅笔进行练习。

3.7.1 眉毛的画法 视频

本案例所画的眉毛由 4 个部分组成：眉毛中线、眉毛上排、眉毛下排、眉头。

眉毛的画法

01 首先画出眉毛中线（它的位置在整条眉毛的中轴处），再在它的上面画出三四条并排的弧线。

02 在眉毛中线的下面画出三四条并排的弧线。两排弧线不需要端点对称，最好能错落有致。

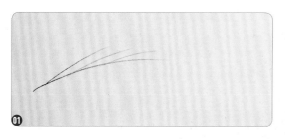

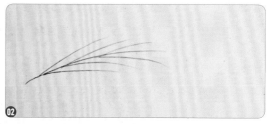

03 添加眉头线条，要画得比前面的部分淡一些。在使用铅笔的时候，线条的浓淡是由画线时的力道所决定的，所以画眉头的时候力道最轻。

04 在画完整条线条以后，将眉尾加重，使眉毛整体的轻重变化更明显。

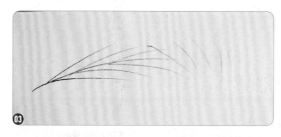

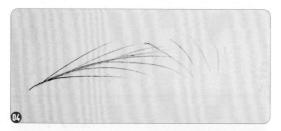

通常，我们使用水溶性彩铅和丙烯在脸壳上画眉毛。彩铅的使用方法与铅笔类似：将笔尖削尖，在脸壳上直接画。如果画错了，就用擦擦克林干擦。水溶性彩铅虽然操作简单、好上手，但是画出来的线条很粗糙，适合偏童趣的改娃风格。本案例使用丙烯来画眉毛。

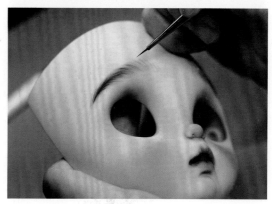

01 将黄豆大小的熟褐色和黑色丙烯分别挤在调色盘中，加入两三滴清水，均匀搅开。

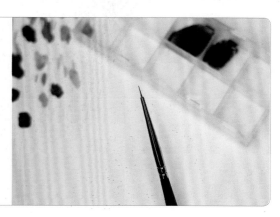

02 用 000 号描线笔蘸取熟褐色丙烯，在白色的打印纸上试色。如果线条在微稀的同时流畅且没水痕，就是刚好的。

03 在白色的打印纸上试完色后，将眉毛按眉尾深、眉头淡的方式画出来，详细过程可以看本书的视频教程。

04 为了让眉毛更生动，在之前画的眉毛上加入一些细软的线条，以表现毛发自然错落的效果。

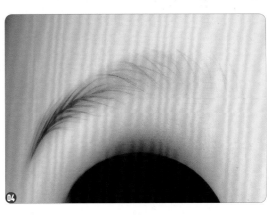

05 线条变多了会显得层次不分明，所以要用黑色丙烯将第一遍画的线条重新描一次。

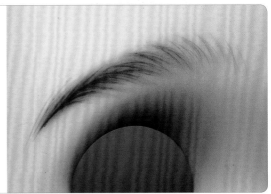

06 用笔杆取一点儿白色丙烯，加入少量清水，在调色盘中调开。

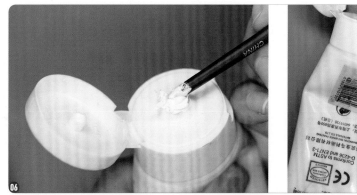

07 用白色丙烯在眉毛处画线，以提高眉毛的细致度。

08 在加入白线以后，线条更加有层次感了。这些丰富的细节是改妆师精心创作出来的。

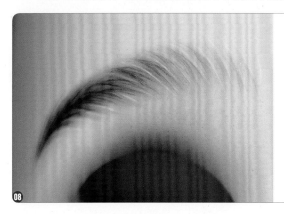

3.7.2 鼻翼/唇纹/红血丝的画法

01 用丙烯调出大红色和暗红色，水可以适当地多加一些。

02 用淡一些的暗红色丙烯勾出鼻翼和鼻基底，用深一些的暗红色丙烯给鼻孔上色。

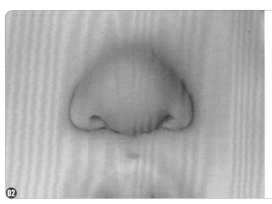
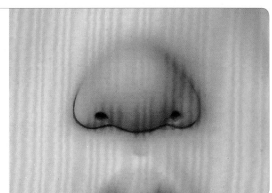

03 用红色丙烯勾出小部分唇纹。关于唇纹的结构，可以参阅第 4 章的内容。

04 用白色丙烯画出更多的唇纹，让整个嘴唇更精致、立体。

05 用白色丙烯将上下唇线勾出来，让嘴的边缘更干净、利落。

06 为了增加皮肤的质感，可以画上一些红血丝。红血丝是由毛细血管扩张引起的，表现为皮肤表面的斑点状、丝网状红斑，在皮肤受冻和发热的时候最为明显。

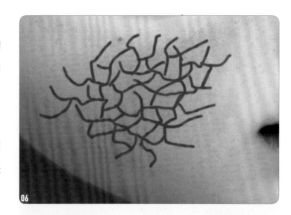

07 用淡淡的大红色丙烯画出丝网状的红血丝，并用笔刷点出不规则的斑点，这样就让小布的皮肤看起来有了多个层次，更接近真实皮肤了。

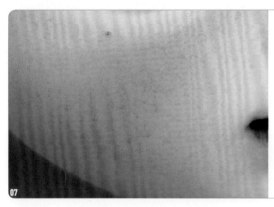

3.7.3 眼线和双眼皮的画法

小布的眼妆不一定要有眼线和双眼皮，很多表现童趣和搞怪的改娃都没有眼线和双眼皮。因为本案例的妆容是精致风格的，所以我们会画出眼线和双眼皮。

小布的眼睛是非常圆的，和真人的眼睛的差别很大，所以我们不能根据真人的眼睛去画眼线和双眼皮。我选择将眼线的尾部画得靠上一些，让小布更有卡通感。

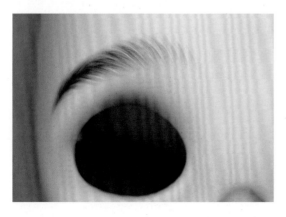

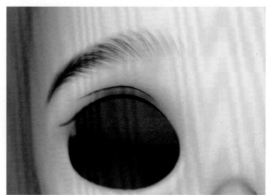

为了让眼妆更有层次感，在画完线条以后，用鸦刻 BJD 化妆刷中的卧蚕刷去加深眼妆。

卧蚕刷

到了这一步，妆容的绘制就完成了。大家可以根据自己的喜好来决定是否继续加深腮红或嘴唇。

在绘制完上面的部分以后，就可以喷第三层消光了，这时可以将眼架和后脑壳拿出来一起喷消光，以便后续对它们进行绘制。

第 4 章

小布眼皮/后脑壳的绘制和组装

用水彩绘制图案及安装假睫毛 ｜ Ob24 素体加固及给嘴唇上光油 ｜ 改造头壳和更换拉环 ｜

整体组装 ｜ 打扮小布

4.1 用水彩绘制图案及安装假睫毛

在本案例中，绘制眼皮和后脑壳需要用到水彩笔、铅笔、樱花 12 色固体水彩、Prima Marketing 固体水彩。

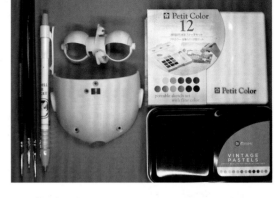

水彩主要有管装水彩和固体水彩。固体水彩比管装水彩的质量好、稳定，并且不容易造成浪费。固体水彩使用起来非常方便，只需要在使用的时候，用笔蘸取清水后轻轻涂擦颜料块的表面，就可以蘸上颜色。我们还可以在调色板中同时混合多个颜色进行调和。

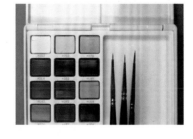

我们先在白色的打印纸上学习一下水彩的渐变画法。用蘸了清水的笔取一个颜色，涂在白色的打印纸上。

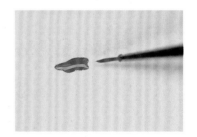

将笔上的颜色洗掉一些，用含水的笔刷去涤刷色彩边缘，这种清水涤刷的手法称为清水湿接。注意：如果笔刷的含水量太高，就难以带动颜料，所以必须适当降低含水量。

经过多次来回运笔，就会形成自然的渐变色。以上是单色渐变，如果要做双色或多色渐变，该怎么办？将前面清水湿接的部分，替换为另一个温润的颜色就可以了。

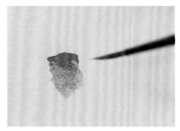

4.1.1 用水彩在后脑壳上绘制图案

本案例的服装上有很可爱的草莓编织胸针，表现出复古童话的感觉。以此为灵感，我们会以草莓和花草为主题绘制后脑壳及双眼皮。

01 用低饱和度的粉色调和灰白色，将得到的新颜色作为草莓的阴影色。

02 调和出一个朱红色，作为草莓的主色。

03 接下来要进行叶子的绘制了。自然界中的草木的颜色往往比较艳丽，而在复古的画法中，颜色通常偏灰，所以我才会一直强调要加入灰白色来降低颜色的饱和度。同样，在调和叶子颜色的时候，我们可以试着让它不仅仅是绿色。

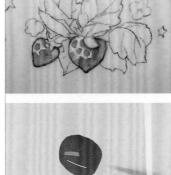

04 调和出深浅不同的叶子颜色，偏黄棕色的是叶子的阴影色，偏浅绿色的是叶子的亮面色。用一个浅绿色水彩在线稿范围内进行绘制。

05　湿接一个橄榄绿色作为叶子尖端的颜色。

06　用蓝绿色水彩绘制出背后的叶子，用粉色水彩绘制出附近的小花，用橘黄色水彩绘制出小星星，再点上一些随意的白点，营造梦幻氛围。

07　在改娃时，大多数改妆师会在后脑壳上签上自己的名字，以确保娃娃的唯一性。改娃的手绘部分是可以具有无限创造性的，签名也是一样，大家可以发挥自己的想象力。

4.1.2　用水彩在眼皮上绘制图案

　　用前面的方法绘制铅笔稿。因为眼皮的面积很小，导致绘制范围很小，加上曲面度高，所以我们不能绘制太复杂的图案（特别是规整的卡通图案，因为它非常考验手的稳定性）。我们可以画一些自由线条，如花草。

01　眼皮的水彩配色和后脑壳的水彩配色类似，这样会让整体看起来更有设计感。

02 在只用水彩绘制完成后，我们会发现眼皮的原色有些单调。这时，我们可以将绘制眼皮想成给真人化眼妆。通常，在给真人化眼妆时，我们会使用比肤色深一些的大地色眼影。我们用鸦刻粉彩中的肤色粉彩和橘棕色粉彩进行调和，就可以得到柔和的大地色粉彩，将它平刷到眼皮上。

03 在刷完以后，点上一些小白点，增加氛围感。

4.1.3　安装假睫毛

小布需要长为 12~13mm 的超长睫毛，颜色可以根据妆容的风格和配色去选择。本案例使用的是柔和的鸦刻金棕色睫毛。

01 将眼架斜过来，就会发现眼皮的缝隙里卡了一些之前磨改的时候留下来的粉尘，用镊子或牙签将其清除。

02 很多人以为小布的睫毛是用胶水黏的，其实不是，它是被直接塞进去的。用镊子夹住睫毛梗，有技巧地将它塞到缝隙里，注意不要刮花眼皮上的图案。将它塞得深一些，只要用手不容易扯下来就可以了。

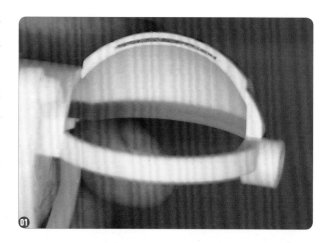

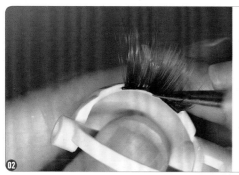

4.2 Ob24素体加固及给嘴唇上光油

（1）顶部三角帽
（2）胸腔
（3）腹腔
（4）手臂

4.2.1 素体拆解

小布原有的素体没有关节，所以我们需要更换可动性好的素体。目前，用于改妆的大部分小布会使用日本 Obitsu 和 Azone 的素体（以下简称 Ob 素体和 Az 素体），具体型号为 Ob24 素体、Ob22 素体、Az23 素体；为了可以通穿衣服，一般选 S 胸的素体。Ob24 素体更标准，而 Az 素体更幼态。

本案例使用 Ob24 素体作为配身。通过上面的结构标示，我们可以看出脖子的连接处非常纤细，而小布的头部又大又重，如果仅靠它来支撑头部，就非常容易断。因此，我们需要对脖子的内部结构进行加固。Ob24 素体的腰部的可动性好，非常容易前后弯腰，所以我们需要用水晶土对这两处结构进行加固。

01　用十字螺丝刀将固定顶部三角帽的螺丝拆下来。

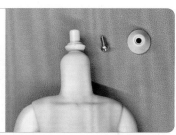

02　将两条手臂拆下来，拆的时候要平行着往两边拉扯，因为手臂的卡口很细，不能用蛮力掰。

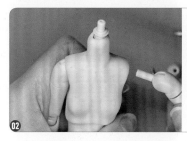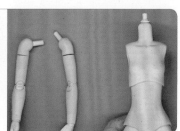

03　在拆完手臂后，就可以将胸腔拿下来了。在将胸腔拿下来之后，可以看到里面的支架结构，其中的脖子部分就是后面要加固的部分。

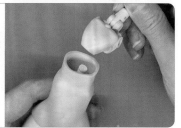

04　将胸腔支架和腰部支架扯下来，这时在腹腔内部可以看到有一个卡口，它是用来固定腰部支架的。

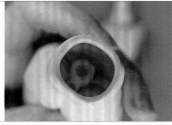

4.2.2　脖子和腰部加固

在本案例中，对脖子和腰部进行加固需要使用水晶土。水晶土是一种遇到热水就会变软、变透明的塑形土，主要成分是淀粉，变软以后可以被揉捏，变凉以后又会变硬、变白。我们用一次性杯子接一杯热水备用。

加固脖子是为了防止过重的头部将脖子支架折断。在我们将整个脊柱支架取出来以后，就会发现它是由好几

个可动结构组成的。例如，腰部就有两个活动点，在实际把玩 Ob24 素体的时候，我们会发现腰部很容易往后倒，所以我们需要将这两个活动点都固定住，让它们不能再活动。

01　取一部分水晶土泡在热水里，让水晶土由白色的变为透明的。

02　等水晶土完全变透明并结块后，用镊子夹出一小块。在夹的时候可以感觉到它的黏性很大，并且有些烫手。在接下来的使用过程中，速度要快一些，以免它变冷凝固。

03　在加固之前，先观察一下颈椎关节和脖子之间的空隙，可以发现二者之间的空隙并不大。在加固颈椎关节的时候，水晶土的用量要少一些，能将关节球和活动关节包裹住就可以了。

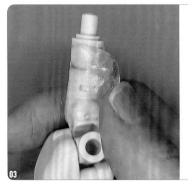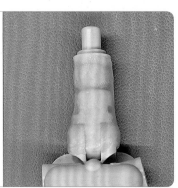

04 接下来加固腰椎关节。腰椎关节和腹腔之间的空隙比较大，所以可以多包裹一些水晶土。

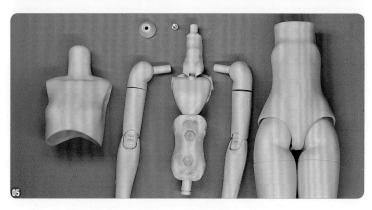

05 等待几分钟，等水晶土冷却重新变回白色、变坚硬后就可以进行组装了。

4.2.3 素体组装及脖卡安装

01 先将脊柱关节底端的小圆柱插进腹腔内的卡口中，再将胸腔和双臂依次组装回原位。

02 虽然 RBL+ 脸壳的脖口为小正方形，能正常地卡住 Ob24 素体的顶部三角帽，但还是会有些晃动。我们可以增加一两个 BJD 硅胶脖卡（直径为 20~25mm 即可）。

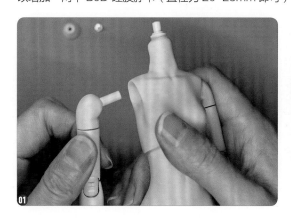

03　在 BJD 硅胶脖卡上安回顶部三角帽，这样一来，搭配 RBL+ 脸壳的素体就完成了。

04　如果使用的头壳是 NBL 脸壳，那么需要搭配一个 NBL 脖卡。这个脖卡在 NBL 盒娃的原素体上就有，只需要取下来即可。也可以从网上单独买，将脖卡按圆盘上的方向装在脖子上。将顶部三角帽和它原本的螺丝安装好并用螺丝刀拧紧，这样一来，搭配 NBL 脸壳的素体也完成了。

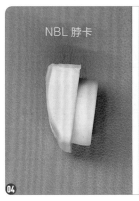

4.2.4　给嘴唇上光油和安装牙齿

之前在给脸部化妆的时候，我们还差最后两步没有完成：给嘴唇上光油来增加质感、将牙齿安装回去。

给嘴唇上光油需要使用田宫 X-22 和尖头棉签。

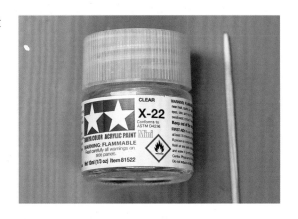

在上光油的时候，我们只需要蘸取少量的光油将整个嘴唇涂满就可以了。

用白色的蓝丁胶将牙齿安到脸壳上。完成以后，我们就可以进行组装了。

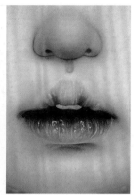

改造头壳和更换拉环

在组装整体之前，还有一些工作需要做，其中一项工作就是对假发进行处理：改造头壳和更换拉环。

4.3.1 改造头壳

小布原本的假发是通过植发做成的，通过将发丝均匀地织在软头壳上，让假发结实、好打理。但是，改妆师更喜欢自己更换不同的发型，所以我们需要将原本的假发剪掉。

01　先用剪刀将假发贴头皮剪掉，再耐心地用尖嘴钳将发根拔下来。

02 拔完发根后的头壳非常光亮，可以用于更换各种假发，如发网型的高温丝假发、硬壳型的手工马海毛假发。

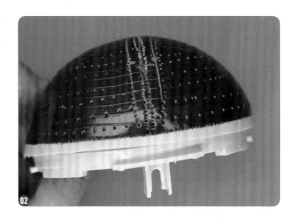

4.3.2 更换拉环

第 2 章讲过脑内结构，原装的拉环靠一条绳子来控制眼睛的变换。但是，我们发现原装的拉环无法让眼串只闭眼，也就是无法实现"睡眠"模式，所以我们需要更换拉环。我建议选购丝带型拉环，因为它不容易断。大家也可以自己购买丝带和饰品来制作拉环。

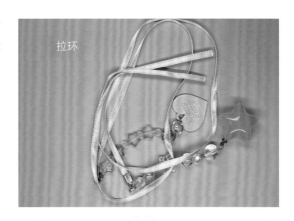

01 先将处理好的眼架和贡丸组装好，再将两条拉环的丝带分别从金属圈和最右边的小方口穿进去。

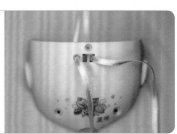

02 将从金属圈穿进来的丝带在 C 棒底端打结，将从最右边的小方口穿进来的丝带在眼架顶端打结。

03 将眼串装到前脸壳上，这时可以试着用后脑壳虚卡住前脸壳，查看安装的位置是否正确。

4.4 整体组装

01 在安装好拉环后，就可以进行整体组装了。用一个大螺丝将光头壳和前脸壳合起来。

03 先将素体的顶部三角帽卡回前脸壳的脖口上，再合上后脑壳，这时可以看到 BJD 硅胶脖卡是刚好嵌在脖口空间里的。

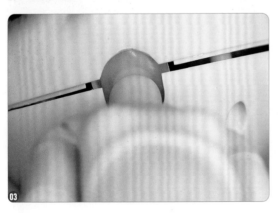

04 将其余小螺丝都拧上，这样整体组装就完成了。

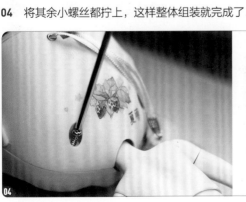

02 用另一个大螺丝将 T 棒装上，用后脑壳虚卡住前脸壳。在外面分别拉动两个拉环，如果眼串能正常转动，眼睛能单独睁开，也能单独闭眼，就说明拉环安装成功了。

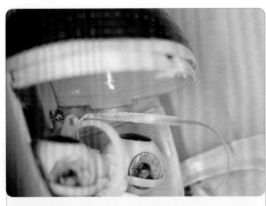

打扮小布

经过了这么久的努力，现在终于可以为亲手改造
的小布穿衣打扮了。

本案例中的娃衣由阿莱夏制作。这款娃衣名为春野的回响，整套设计除了衣服，还包括钩针草帽和花团（都
是手工制作的）。我搭配了金色的手编假发和缎面刺绣靴子，现在开始打扮小布吧。

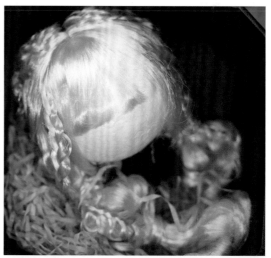

将南瓜裤和衬裙依次穿好，将花团别在胸口和腰间。

每一个被改造过的小布都承载着创作者的爱意，不论是创作者，还是最后拥有它们的人，都能感受到内心被抚慰。如果你在学习过程中遇到了问题，欢迎通过微博或小红书联系我。

本案例的成品拍摄工作是由非常热爱小布的摄影师完成的，她的微博 ID 为"黄轻轻轻轻松松"。

第 5 章

换一种风格，小布
甜酷风改造

磨改　|　小布甜酷妆容绘制　|　巧用美甲贴纸制作眼皮图案　|

NBL 整头和素体的组装　|　甜酷风丝带编发　|　为小布穿衣打扮

本章要制作一个与前面章节讲解的精致风格不同的，更自然、放松的表情。为了配合整体的设计，在鼻子磨改方面，我们将结构偏写实的蒜头鼻变成呆萌、卡通的馒头鼻。

5.1.1 馒头鼻改造

在前面的章节中，我们用 RBL+ 脸壳进行磨改，这次换成 NBL 脸壳。把前脸壳翻过来，可以看到鼻腔的凹陷要比 RBL+ 脸壳的浅很多，所以鼻子也可以被磨改得更扁。

01 用铅笔在鼻子上画好参考线，后面鼻子大形的雕刻原理和步骤与前面的章节基本一致，这里不再重复。

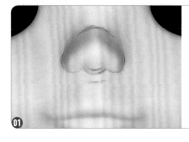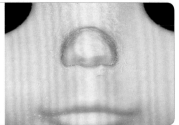

02 在做好大形以后，先从侧面看一下鼻子是否足够圆，再从额头往下巴俯视的角度看一下鼻头的对称性。通过从各个角度进行检查和修整，就可以初步得到馒头鼻了。

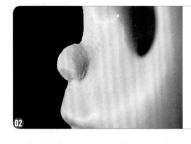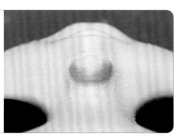

03 打磨工具和之前的是一样的。因为用 400 目的砂纸来打磨鼻梁比较慢，并且指腹在鼻梁两侧按压的力度不同会造成鼻子不对称，所以可以用圆片刮刀来代替 400 目的砂纸，这样打磨起来会快很多，还不会遮挡视线。

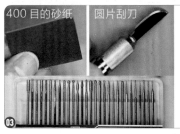

400 目的砂纸　圆片刮刀

04 在打磨鼻梁、鼻基底以后，用400目或320目的砂纸进行粗磨，直到整个鼻子都变得比较平整为止。

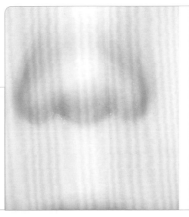

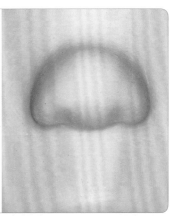

05 前面讲过鼻子和嘴唇的大小关系，在确定鼻子的大小以后，才能确定嘴唇的大小。在过去几年的娃妆线下课上，我发现学生在磨改鼻子的过程中会遇到一些常见的问题：第一，在用平刀切鼻翼的时候切得太多，导致鼻头太窄；第二，将鼻头和鼻梁的转折点定得太高，导致鼻头不圆。

鼻头太窄

鼻头不圆

06 综上，大家在实际操作中，可以通过少量多次、边磨改边观察的方式做调整，也可以用手机拍下不同角度的照片，通过照片找出问题。

5.1.2 小开嘴改造

小开嘴是一种微张的嘴形，只会露出一点儿门牙，张嘴的程度比全开嘴更小，两边的嘴缝也是闭合的。因为这次要改造出一个不笑的嘴形，所以嘴角的位置会比之前的低一些。

1. 画出嘴形参考线和开嘴洞

01 用铅笔画出参考线。首先要确定嘴角的位置，和全开嘴一样，嘴唇的宽度与鼻子的宽度比例在 1.4 ： 1 左右。不需要画嘴角边的脸颊肉纹，因为人在不笑的时候，嘴角附近的肌肉不会被提起来而形成起伏的纹路。

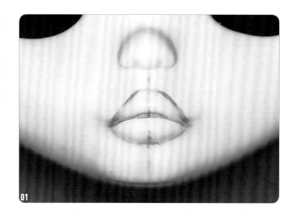

02 使用 0.5 橄榄核微雕尖刀，按下图所示的角度和方向，少量多次地挖深嘴缝，但不要挖穿。

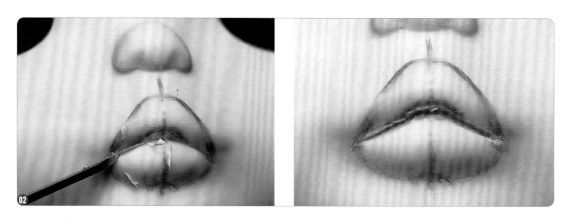

03 在挖完嘴缝后，就要打嘴洞了。这里用到的打磨头是尖头打磨头，打磨机的转速不要开太高，在中轴线处打一个洞，打完以后要快速抽出，避免因为在里面停留久了而让嘴洞开得过大。

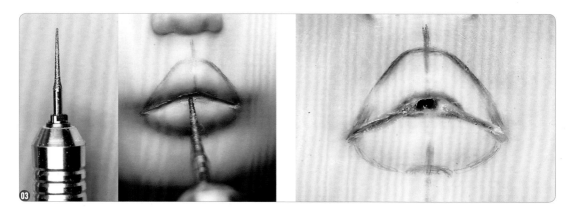

04 可以看到打出来的嘴洞是在参考线范围内的，但是形状不太好看。用笔刀往两边切割，努力把现在偏圆形的嘴洞切成偏梯形的。

05 在实际操作的时候，我们会发现笔刀很难用力。这是因为前脸壳具有一定的厚度，只从正面切割是不行的，还需要把前脸壳翻过来，用笔刀从嘴洞的背面进行切割。

06 在从正面和背面进行反复切割及修整后，嘴洞的形状已经很接近参考线的形状了。

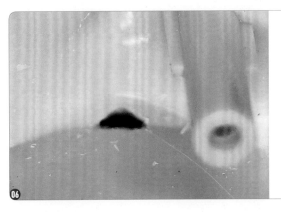
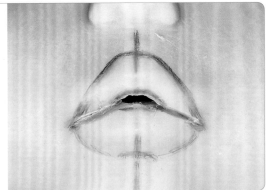

2. 嘴唇结构初磨

01 用最小的圆打磨头进行嘴唇结构的初步雕刻。打磨机的转速开得比较低，用最小的圆打磨头在上唇线的内侧磨出一圈凹痕。

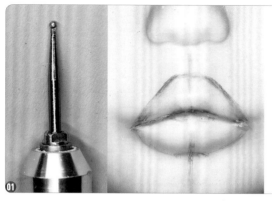

02 用同样的方法继续在下唇线内侧磨出一圈凹痕，不过磨得要浅一些。

03 用大圆打磨头或小圆打磨头，把上、下唇线内侧的凹痕往嘴缝方向过渡。在打磨过渡的时候，要使打磨机维持比较低的转速，防止因转速过快而把上唇磨得大面积凹陷。位于下唇和下巴的转折凹陷处的是颏唇沟，用小圆打磨头对其进行打磨，直到形成一个明显的长方形坑。中轴线的位置是颏唇沟最深的地方，在不打穿的前提下可以将其打磨得深一些。

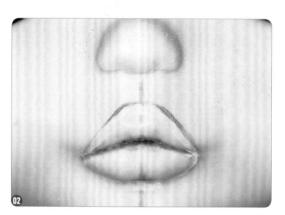

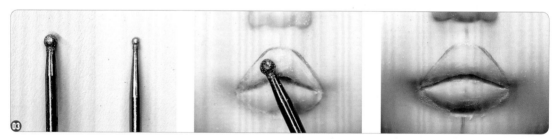

04 在全开嘴案例中，为了表现嘴唇的肉感，在下唇中间雕刻了一个凹槽，并用凹槽分隔出了两个下唇珠。本案例换一种刻法，把下唇雕刻成更常见的样子。小布原始的下唇比较高，但是回看前面展示的小孩子的嘴唇图片，会发现下唇比上唇低，所以我们需要把下唇打磨得低一些。

05 用铅笔重新画出上唇珠的参考线，在下唇的中轴线上画出需要磨低的范围。

06 用大圆打磨头按线稿的范围把下唇中间磨低一些。

07 用尖头打磨头把嘴缝到下唇的转折处过渡平整一些，用中圆打磨头把刚才磨低的地方向两边过渡。

08 通过仰视的角度观察现在的下唇结构，检查一下有没有不对称的地方。若有，则进行修整。

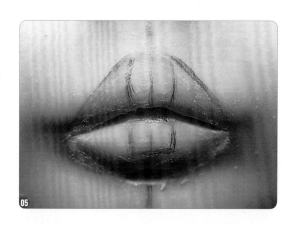

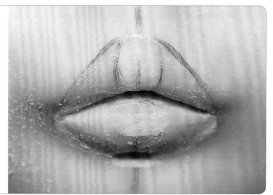

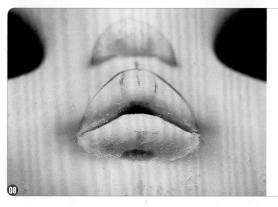

3. 塑造下垂嘴角

01 因为要改造出一个不笑的嘴形，所以需要塑造好下垂的嘴角结构。用铅笔在嘴缝线的两端重新画出嘴角点，用尖头打磨头打出嘴角的洞。因为小开嘴的嘴角是不能被打穿的，所以要用少量多次的方式去加深嘴角。

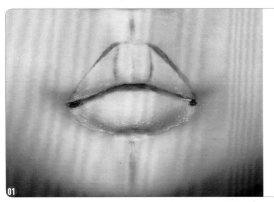

02 在打磨完嘴角以后，使用尖刀把嘴角洞和嘴缝连成一体。

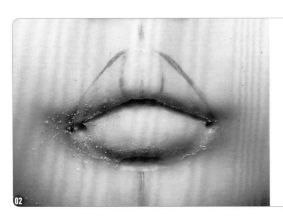

03 虽然下垂的嘴角没有明显的嘴角纹，但是嘴角洞依然要向周围过渡，下图中红圈的部分就是过渡的范围。因为小开嘴是没有向上提起的肌肉纹路的，只需要雕刻出嘴角向下的走势，所以两边的红圈是向下的八字形。

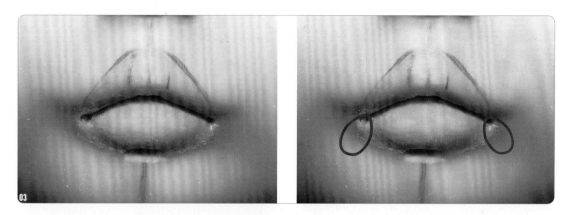

04 换上中圆打磨头，把打磨机调到比较低的转速，以嘴洞为中心，向红圈边缘打磨。左边的嘴角是打磨完的，可以看到已经有肉感了。

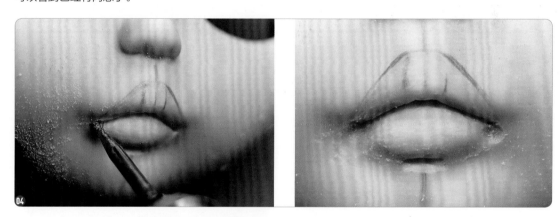

05 在把两边的嘴角都打磨完以后，把下唇其他地方也过渡好。如果不知道自己打磨得是否平整，那么可以通过用指甲刮或者用指腹摸的方式，感受一下嘴角及其周围是否顺滑。例如，在打磨完步骤 03 中标出的红圈边缘位置后，该位置应该会变得很平缓，没有细小的起伏，如果感觉有异，就需要重新打磨。

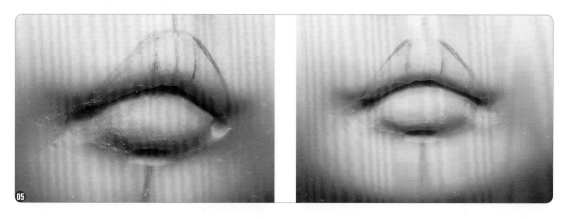

4. 唇珠和口轮匝肌的磨改

　　在从仰视的角度检查完嘴唇的对称性和平整度后，就可以雕刻唇珠了。之前，我们是用尖头打磨头压出唇珠的边缘形状的，这次换一种方式，用小圆打磨头以"靠近嘴缝的地方深、靠近上唇线的地方浅"的方式雕刻出唇珠。

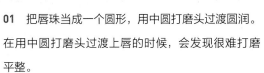

01　把唇珠当成一个圆形，用中圆打磨头过渡圆润。在用中圆打磨头过渡上唇的时候，会发现很难打磨平整。

02　将 320 目（或者 400 目）的砂纸剪成小块，并用它仔细打磨上唇。砂纸打磨的范围不要超过上唇线。如果还想更细致，那么可以接着用 600 目的砂纸进行打磨。做完上述步骤，整个嘴唇已经基本成形，但这时小布原始的嘴角结构还在原处。

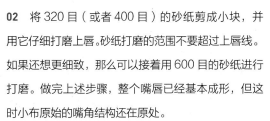

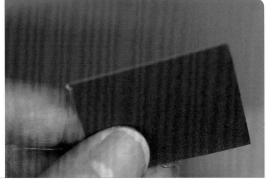

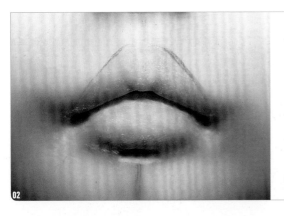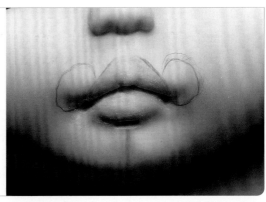

03 用大圆打磨头把下图所示的地方磨平，并注意和脸颊部分过渡平整。

04 用橡皮把铅笔线擦掉，观察上唇结构是否对称。如果看起来还不太自然，那么可以继续用圆片刮刀和400目的砂纸对细节进行修整。改完后的嘴唇，其上唇线边缘清晰，唇珠和整个上唇过渡自然、不生硬，从前脸壳的正侧面看过去，有下唇被上唇包住的感觉。

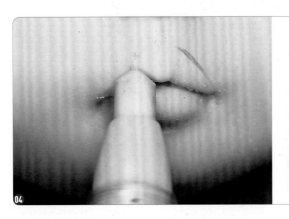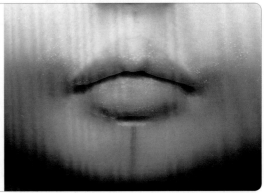

5. M 形嘴洞和薄下唇的磨改

01　如果喜欢从正面看起来像闭嘴的效果，那么前面制作的小开嘴范围就足够了。如果想要更明显的开嘴效果，就需要重新画上嘴洞的参考线，用笔刀继续切割。

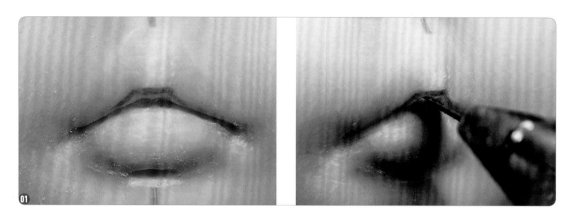

02　加开以后的嘴洞，从正面的角度看已经大了不少，从仰视的角度看存在坑坑洼洼的切割痕迹。

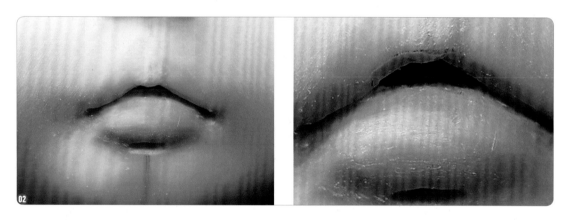

03　先用尖头打磨头把锋利的切割边缘打磨圆润，再用 400 目的砂纸对打磨过的地方进行二次打磨。很多人在做这一步的时候，会把嘴洞越开越大：要么用笔刀切的时候切多了，要么打磨切割边缘的时候打磨多了。希望大家始终记得少量多次的原则，时不时停下手中的活，把前脸壳拿远一些进行观察，在观察清楚后再继续做。

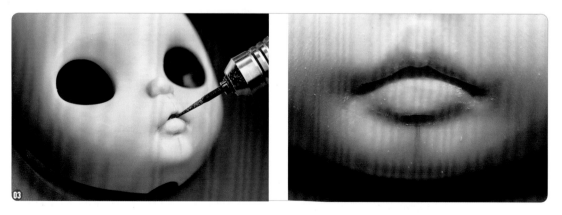

04 磨改到现在，整个嘴唇与其说像不笑的嘴唇，不如说像微微嘟起的嘴唇，这是因为嘴唇整体比较小，而下唇又比较厚。因此，我在这里用中圆打磨头把下唇线往上打磨，把下唇变小、变薄。改动后的嘴唇有些像噘嘴，就显得不开心了，这正是我想要的效果。

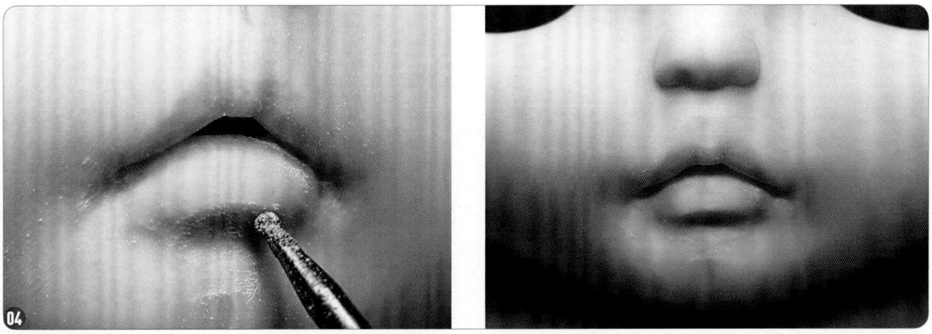

5.1.3 全脸打磨

01 因为雕刻人中需要在非常平整的底面上进行，所以我们可以先做全脸打磨。将台灯从前脸壳的正上方照下来，这样的顶光打光方式可以让我们更好地看清嘴唇上不平整的地方。用中圆打磨头，把打磨机调到最低的转速，把一些明显的坑洼处理掉。

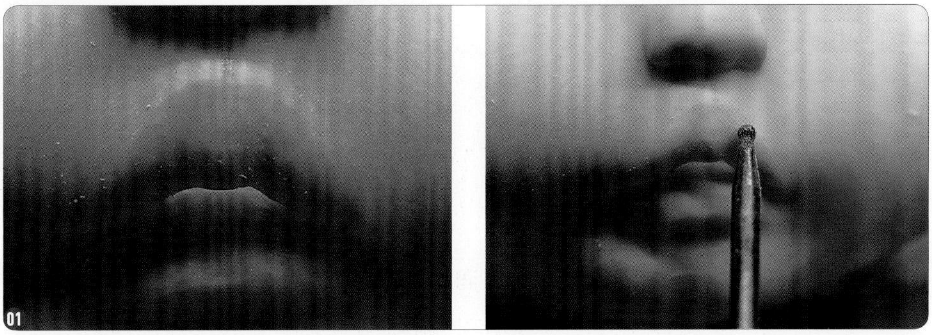

02 用 400 目的砂纸把嘴唇打磨平整。因为上唇线的结构落差小，起伏也不大，很容易被粗目砂纸磨掉，为了保护好不容易塑造出来的结构，在使用 800 目的砂纸以前，我们不会去打磨上唇边线，所以这里在打磨上唇的时候，也是努力避开上唇线，去打磨其他地方。

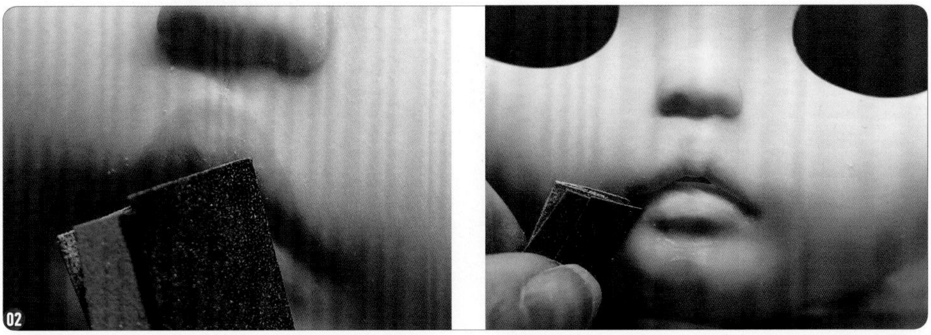

03 在处理嘴角及其附近结构时，把砂纸对折两次，把它当成一个圆角打磨棒去使用，这样就能让砂纸打磨到一些坑洞和凹陷较深的地方。在打磨嘴缝里面时，可以把 400 目的砂纸对折一次变成双面，嵌入进去打磨。如果嘴缝又深又窄，那么可以不对折，直接用单面去打磨。

04 之前在进行磨改时，我们把方下巴改成了小圆下巴，这一次我们不会进行改动，只是用砂纸把颏唇沟向下巴处过渡平整，还有把下巴中间的凹陷磨平。方下巴给人倔强的感觉，适合搭配小开嘴。

05 先用 400 目或 320 目的砂纸打磨几遍全脸，再依次用 600 目、800 目、1000 目的砂纸打磨全脸，中途可以停下来用水冲洗前脸壳，用纸巾擦干，对着台灯仔细检查有无较深的划痕或者不平整的地方。如果有，就用 400 目的砂纸再打磨一次，在打磨完后，继续用 600 目、800 目、1000 目的砂纸打磨。

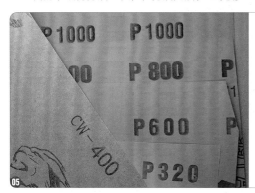 

5.1.4　鼻孔和人中雕刻

01 在把全脸打磨平整以后，用铅笔画出鼻孔和人中的位置。

 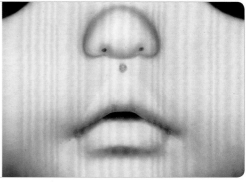

02 用最小的尖头打磨头，通过少量多次的方式打磨出合适的鼻孔深度。注意：鼻孔不能打穿，也不能太大。

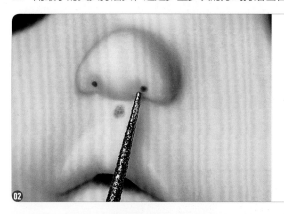

03 用圆打磨头轻轻地把鼻孔周围打磨得圆润一些。至此，鼻孔的雕刻就大致完成了。

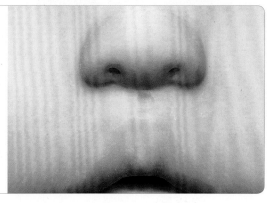

04 用小圆打磨头雕刻人中，靠近唇缝线的地方深一些，靠近鼻基底的地方浅一些。

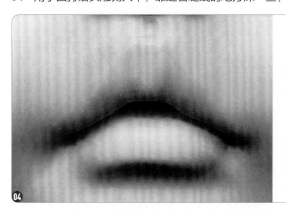

05 在雕刻完鼻孔和人中后，把砂纸对折两次，把它当成一个圆角打磨棒去使用。在把全脸都打磨完以后，用清水将其冲洗干净并擦干。

5.1.5 双眼皮磨改

前面介绍了用丙烯画双眼皮的方法，本节介绍用刻刀雕刻双眼皮的方法。

01 因为小布的眼睛很大，所以不需要通过雕刻很宽、很长的双眼皮来放大眼睛。用铅笔画出线条（这次画的是相对窄一些的双眼皮）。

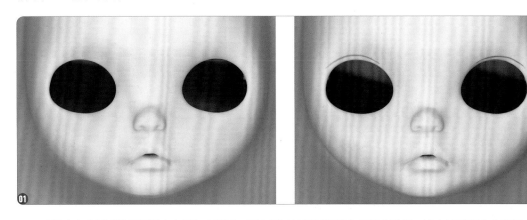

02 双眼皮磨改用到的工具是小尖刀和小圆刀。用小圆刀从眼尾顺着参考线去雕刻，这个过程要小心和慢一些，因为一不小心就可能雕刻到线外。本案例中的双眼皮是相对窄的，这是因为眉弓到眼眶之间有高低的透视落差，当我们像下图所示的那样仰视前脸壳的时候，眼睛就会平视眼皮结构，可以看出雕刻的双眼皮其实并不是很窄。

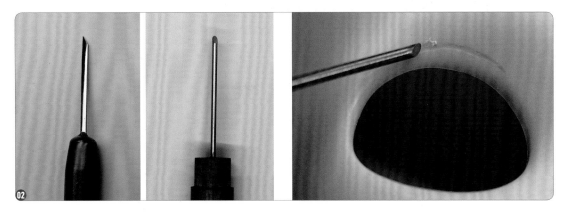

03 用橡皮把参考线擦掉，用小尖刀把眼皮的凹痕加深一些。在加深的时候要用很小的力气，因为小尖刀比较尖锐，用力大了会刻出很深的缝隙，后面将无法用砂纸打磨。

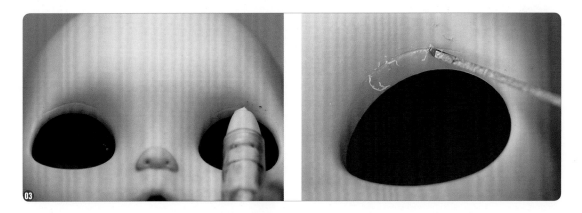

04 把 400 目的砂纸对折，沿着整条凹痕进行打磨。

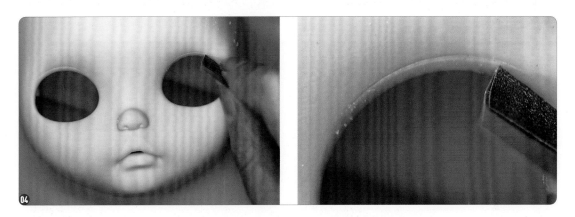

05 对前面用小尖刀和小圆刀进行雕刻时留下的划痕进行打磨，将其打磨平整。

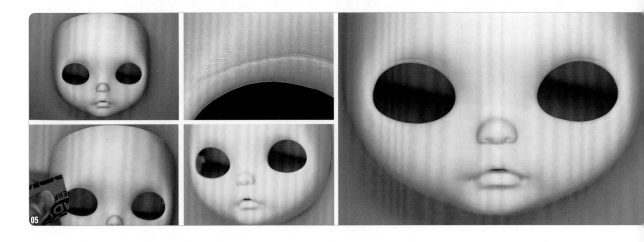

前面讲解了色彩的构成原理，并示范了欧风妆容的绘制方法。欧风妆容主要运用的是柔和的橘粉色和沉稳的棕黑色，这些颜色是既可以复古、又可以现代的百搭配色。本节介绍另一款妆容——甜酷妆容的绘制方法。

5.2.1　粉彩底妆和渐变色眼皮的画法

Y2K 是 Year 2Kilo 的缩写，即 2000 年。在千禧年之际，互联网在全世界得到普及，人们对未来充满了想象，但又对未知感到焦虑，从而促成了 Y2K 这种充满超现实主义色彩的风格。Y2K 风格用艳丽的颜色和浮夸的设计表达对未来天马行空的想象，用紧身和适当露肤的衣服来表达对未知的不安与叛逆。例如，荧光色的头发，高饱和度的妆容，以及被广泛运用在服饰上面的皮革、蕾丝、金属、亮片、锁链等元素都构成了 Y2K 风格。近年来，随着短视频的兴起，每个人都可以做自媒体，而年轻一代渴望展示自己独特的审美和个性，这让 Y2K 风格强势回潮。网络红人和偶像团体纷纷结合现在的审美，再现这种乖张、前卫的妆容和穿搭。以 Z 世代为主要消费群体的潮玩圈推出了很多颜色鲜艳，并融合赛博朋克和歌特元素的玩具，其中细分出多个着重点不同的妆容风格，而甜酷风就是其中一种。

"甜酷"这个词听起来很矛盾，"甜"在于可爱、女性化，而"酷"在于中性化、不讨好。因此，在配色上，我们选择看起来矛盾的颜色。

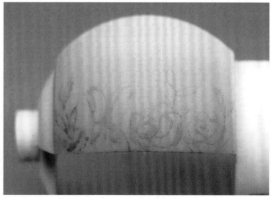

眼妆和眉粉用的是低饱和度和低明度的颜色，唇妆和腮红用的是高饱和度的颜色。

眼妆和眉粉的配色：

唇妆和腮红的配色：

本案例使用的 NBL 脸壳的肤色为超白肌，所以不需要提亮面中部。

01 在把前脸壳、眼皮、后脑壳都喷好消光后开始绘制底妆。用大圆头刷蘸取肤色粉彩，混合紫色粉彩。因为纯紫色比较浓艳，而浅紫色的遮盖力不够强，所以需要自己调一个低饱和度的浅灰紫色。

 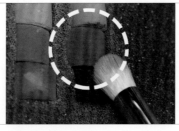 

02 在眼眶一圈刷上浅灰紫色粉彩，使浅灰紫色作为眼周的底色。本案例的妆容用到浅灰紫色粉彩的地方比较多，如果觉得这样调色太麻烦，那么可以用笔刀把肤色粉彩和紫色粉彩刮成粉末状的，在调色盘中进行混合，自制出浅灰紫色的粉彩。

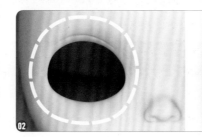 

> **小贴士**
>
> 　　前面介绍过用水彩绘制眼皮图案。在改娃圈里，不管是手绘眼皮图案，还是手绘后脑壳图案，都属于加收费用的项目。如果消费者不想花额外的费用，只购买一份基础妆，那么会得到怎么样的眼皮和后脑壳图案呢？在基础妆中，眼皮是用丙烯平涂的单色或渐变色眼皮，上面没有任何手绘线条，后脑壳上面也没有任何图案。以上是目前改娃圈常见的妆容规则。我记得每次在娃妆线下课上讲到如何画眼皮的时候，学生们都会问："夏雨老师，有没有什么画法，效果又好，还很好上手？"当然是有的，其中一种就是粉彩渐变色眼皮画法。

03 我们可以把小布的眼皮想象成人的皮肤，而人的眼皮的画法其实就是眼影的画法，所以我们可以用之前调的浅灰紫色粉彩，给眼皮均匀上色。

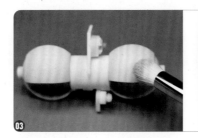 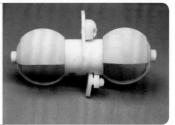

04 用大圆头刷在后脑壳上刷上浅灰紫色粉彩，使浅灰紫色作为后面水彩图案的底色。在刷完后给后脑壳喷消光。

05 将白色粉彩和橄榄绿色粉彩进行混合，调和出灰绿色粉彩。用灰绿色粉彩加深上眼影，面积比之前的底色小一些。

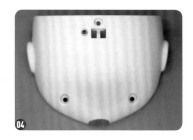

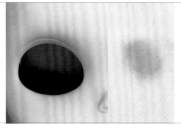

06 在加深眼影的同时，继续用前面的调色方法调色。把浅灰绿色粉彩和深灰绿色粉彩按渐变的方式刷在眼皮上。在完成后，我们可以看到眼皮已经有了自然的深浅变化。如果想让整体感觉更深邃，那么可以在底部刷上黑色粉彩。在全部刷完后给眼皮喷消光。

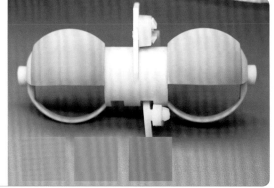

07 将肤色粉彩和浅棕色粉彩进行混合，得到新颜色的粉彩。用大圆头刷蘸取新颜色的粉彩，给 T 区和下巴上色。至此，我们基本完成了低饱和度和低明度的铺色。

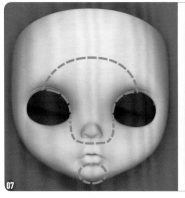

5.2.2　刷出病娇感腮红和唇妆

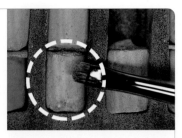

01　用大圆扁头刷刷出大面积的玫红色的眼下腮红。前面已经刷上了灰紫色和灰绿色的眼影，现在在下眼眶尾部刷上天蓝色的下眼影。

02　不同于前面画的全开嘴小布，这次画的是小开嘴小布，嘴唇中间是挖空的，但是靠近嘴角的地方是连起来的。这里需要用到鸦刻 BJD 化妆刷中的卧蚕刷和两种嘴缝刷（纤维毛嘴缝刷、狼毫嘴缝刷）。先用比较硬的纤维毛嘴缝刷蘸取红棕色粉彩。

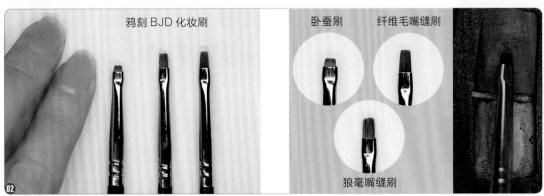

鸦刻 BJD 化妆刷

卧蚕刷　　纤维毛嘴缝刷

狼毫嘴缝刷

03 把细薄的刷子横着嵌入嘴缝中，把嘴洞和两边的缝隙都刷到。用比较软的狼毫嘴缝刷蘸取玫红色粉彩，去过渡前面的红棕色。

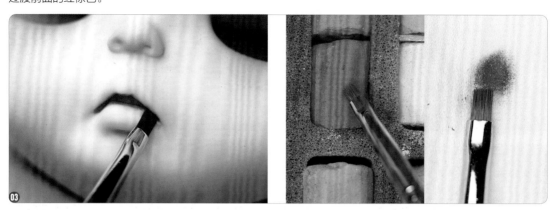

04 继续用玫红色粉彩晕染上下唇，使嘴唇更立体。用卧蚕刷描出上唇线和下唇线，增强嘴唇的肉感。

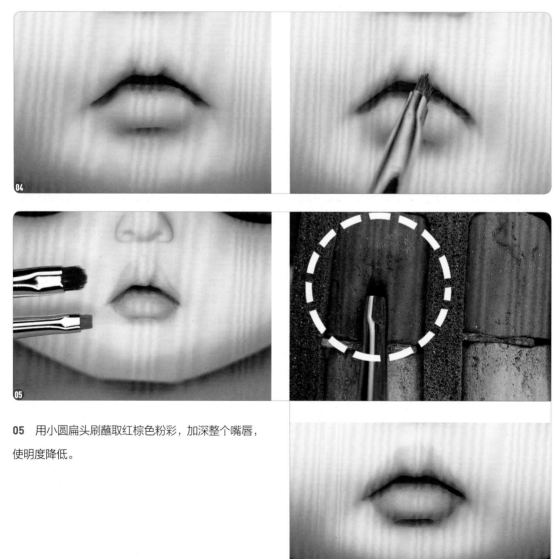

05 用小圆扁头刷蘸取红棕色粉彩，加深整个嘴唇，使明度降低。

06 用小圆扁头刷蘸取浅灰紫色粉彩，加深鼻基底，让鼻子更立体。

5.2.3 用粉彩和化妆刷画眼线

前面示范了用丙烯画眼线的方法，新手可能会觉得这种方法比较难，因为描线笔用起来不像铅笔一样有触感。本节介绍一种简单又出效果的画法，让新手也能轻松地画好眼线。

把纤维毛嘴缝刷剪短，作为眼线刷使用。这个纤维毛的毛料比较硬，适合刷出有锋利边缘的线条。当然，直接用卧蚕刷也可以刷出眼线，但是因为它的毛料比较软，所以刷出来的线条边缘没有那么清晰。

纤维毛嘴缝刷

剪短前　　剪短后

01 用眼线刷蘸取黑色粉彩，从眼眶的底部开始刷。如果一次刷出的颜色不够深，就刷多几次，直到刷出清晰的半圆形。因为我雕刻了比较窄的双眼皮，所以只能把眼线画细一些。如果没有雕刻双眼皮，就可以把眼线画粗一些。

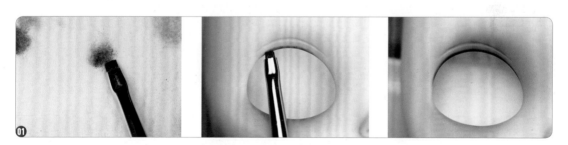

02 用卧蚕刷蘸取深棕色粉彩，刷在双眼皮的凹陷处。如果没有雕刻双眼皮，就直接在眼线上方刷一条双眼皮线。

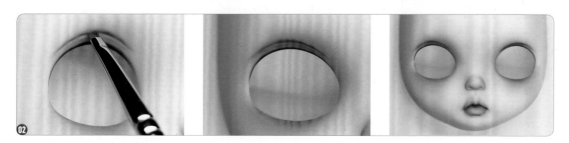

03 很多小布的妆容是不画眉毛和双眼皮的，现实中表示潮和酷的真人妆容也会通过保留单眼皮和不画眉毛的方式去表现特立独行的性格。大家可以根据自己的想法去创作，想画眉毛的读者可以继续看。因为用黑色眉毛搭配黑色的双眼皮线容易显得生硬，所以我选择用大斜头刷蘸取墨绿色粉彩来刷出一个低平眉。

04 检查一下小布脸上是否有需要修改的地方。若无，则喷消光。

5.2.4 画彩铅线条和加深妆容

小布是公认的"大脑门"，所以改妆师即使使用彩铅在它脸上画线条，也不会让它显得很粗糙。如果在较小的BJD脸上用彩铅画线条，颗粒感就会很明显。

这次画线条需要用到棕色和黑色的彩铅。为了让笔头更尖，可以在用完卷笔刀后，在白色的打印纸上来回画。

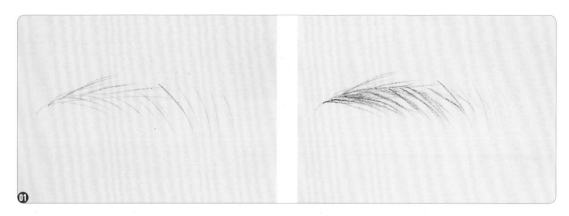

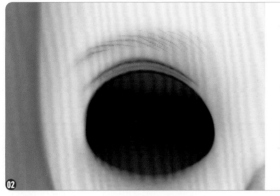

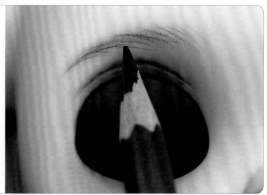

01 在正式画之前，可以先在纸上练习几次，用棕色彩铅画第一层线条，用黑色彩铅加深线条，让眉毛有深浅变化。

02 因为想要表现出雾眉的效果，所以不能把线条画得根根分明，随意一些就好。在画完以后，整个眉毛看上去像是用眉粉轻轻扫过的样子。

03 继续用削尖的彩铅画出双眼皮线。

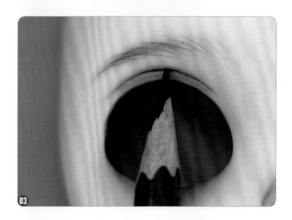

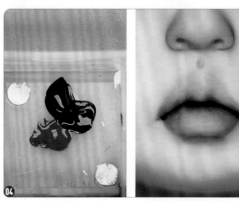

04 本案例的嘴缝很深，因此只能用丙烯来画。用深红色丙烯和大红色丙烯调和出暗红色丙烯。用暗红色丙烯先在嘴角两边画点，再往嘴洞里面拉线。

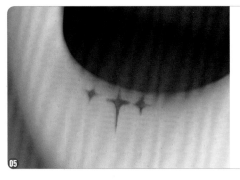

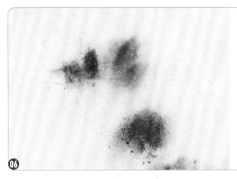

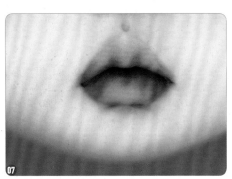

05 因为很多 Y2K 风格的妆容的眼周都会有图案、贴纸、碎钻等，所以我用画嘴缝的暗红色丙烯在眼下画一些星星图案。

06 接下来就可以加深妆容了。用小圆扁头刷依次蘸取红棕色粉彩、玫红色粉彩来加深嘴唇。

07 因为嘴唇的面积小、细节多，所以在刷的时候可以使用擦擦克林去修改唇线的边缘。

08 查看腮红、眉毛、眼影、鼻头是否需要加深。在完成妆容加深后喷消光。

5.2.5　用水彩绘制后脑壳

不同于前面高饱和度的草莓图案，我们结合本案例甜酷的风格，绘制一个带有阴郁色彩，以残破的蝴蝶和暗色的玫瑰花为元素的图案。该图案使用的是低饱和度和低明度的颜色，蝴蝶以粉白色和灰蓝色为主色调，玫瑰花以豆沙红色和紫棕色为主色调。

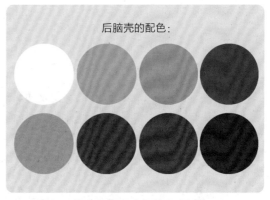

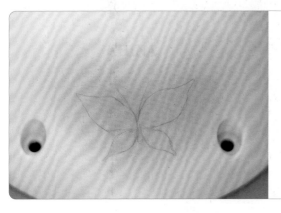
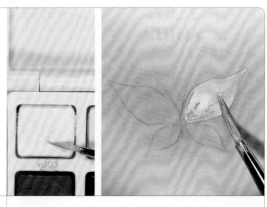

01　用铅笔画出蝴蝶的线稿，用蘸了清水的笔取白色水彩，涂出蝴蝶的底色。为了让蝴蝶看起来有破碎感，我故意把颜色涂得不均匀，像枯叶的脉络。

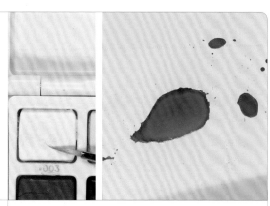

02 用豆沙红色水彩画出玫瑰花的形状，既要画开放的玫瑰花，又要画没开的玫瑰花，并将这些玫瑰花在摆放上以近大远小的方式营造透视效果。

03 用灰黑色水彩、天蓝色水彩、白色水彩调和出灰蓝色水彩。用灰蓝色水彩勾出蝴蝶的纹理和斑点，同时勾出玫瑰花的边线。

04 用白色水彩和天蓝色水彩调和出浅蓝色水彩，用浅蓝色水彩呈现蝴蝶的渐变色。

05 用墨绿色水彩在玫瑰花周围画出枝叶。用白色水彩勾画玫瑰花的高光，进一步丰富图案的细节。用红棕色水彩和墨绿色水彩在主图四周交替晕染，形成远处的花草光影。在画完后脑壳以后喷消光。

06 用画玫瑰花的豆沙红水彩，在眼皮上随意地勾勒一些花草。这一步不是必要的，我这样做的目的是用红色的线条和眼下的腮红进行呼应，以便让整个妆容看起来更有设计感。

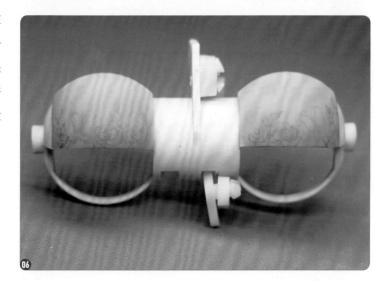

07 在画完眼皮以后喷消光。为了契合甜酷的风格，不给嘴唇上光油，保持亚光唇的妆效。如果在完成整个妆容以后，还有需要加深的地方，那么可以继续加深。如果想让妆容更酷一些，那么可以用灰黑色水彩加重眼影，打造烟熏妆的效果。如果想增加面纹，那么可以画面纹，最后喷上消光。

本节介绍一种简单的眼皮绘制方法。前面说过手绘是很多人的"痛点",那么,有没有什么好的方法也能实现类似的效果呢?我们可以在画完单色眼皮或者渐变色眼皮后,利用美甲贴纸来实现类似的效果。

贴纸应为超薄款的,每个图案的大小最好不要超过 3mm,因为眼皮的形状是一个圆曲面,过大的图案会无法与其贴合。用尖头镊子小心夹起一个蝴蝶结图案,将其贴到眼皮上。大家可以发挥想象力,根据不同的主题进行图案组合。下面给大家进行演示。

右图中的眼皮图案的制作方法:先将桃粉色的丙烯涂在眼皮上,等丙烯干透后喷消光,再用浅粉色丙烯和白色丙烯画出粗细不同的条纹,最后贴上蝴蝶结贴纸。整个图案是以条纹礼物包装纸为灵感而设计的,拉环的丝带的颜色是和眼皮的主色相近的桃红色。

再来试一下另一款贴纸，上面的花有大有小，选择花最小的贴纸。用尖头镊子把贴纸并排贴到眼皮上。大家可以根据自己想要的效果，自选图案进行组合。我想要更繁复和唯美的效果，于是有了不同的作品。

右图中的眼皮图案的制作方法：先用红棕色粉彩和黄棕色粉彩做渐变晕染，然后喷消光，粘贴上几朵雏菊贴纸作为花丛的前景，并用颜料补画出它们的茎叶，最后用比较随意的笔触画出背后的花丛。整个图案是以古典油画花卉为灵感而设计的，在用色方面采用油画常用的暖色调，而其中的渐变色也是油画中常用的底色。

贴纸的材质是光亮面的，而且有明显的切割边缘，如果不对其进行后续的处理，就会影响美观度。我们可以在完成图案的制作后，通过喷消光增加厚度和提高亚光度的方式，使贴纸和周围更好地融合；也可以通过上美甲钢化封层的方式，把眼皮本身变成光面的。

5.4 NBL整头和素体的组装

为了搭配低饱和度的甜酷妆容，我们使用的是黑色睫毛，睫毛的长度为 18mm。

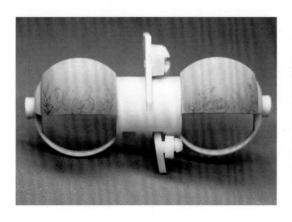

5.4.1　安装睫毛和渐变色眼片

01　修剪睫毛，使其宽度与眼皮卡口的宽度相同，用镊子小心地将睫毛塞进卡口。睫毛卡进去的部分可以少一些，能卡紧即可。

02　本案例用到的眼片为特殊眼。特殊眼一般会在瞳孔部分使用仿钻、美甲饰品、干花等，前面案例用到的美甲贴纸也是很多人用来制作眼片的材料。下图中的两对眼片都是渐变色的，一端颜色暗（这端为暗部），一端颜色亮（这端为亮部），这是在模拟真人的瞳仁在浓密的睫毛下所形成的阴影，渐变眼可以让小布的眼神看起来更柔和。

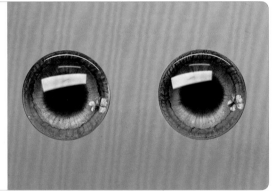

03　好看的眼片都是由树脂或者 UV 胶制作的，被粘贴到眼串凹槽以后，就很难取下来了。如果强行撬开，就容易损坏眼片的边缘。如果想用蓝丁胶粘，就容易把胶痕留在上面。那么，在安装渐变眼片的时候，怎么确定暗部在正确的位置呢？我提前粘好了眼片，方便大家比对。

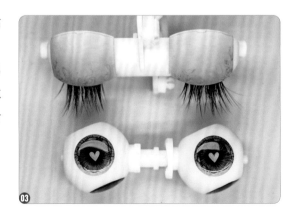

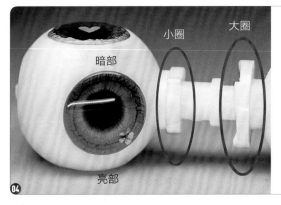
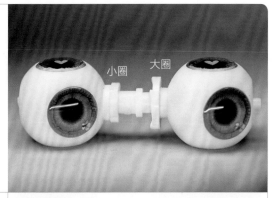

04 眼串的中段有两个圈，小圈起到卡 T 棒的作用，而大圈则和 C 棒同在一侧。当眼串中的小圈在左边、大圈在右边的时候，就是渐变眼片可以按照"上暗下亮"的方式粘贴的时候。把眼串安装到眼架上，可以看到睫毛刚好在眼片暗部的位置。

5.4.2　安装NBL脖卡 视频

NBL 的整体组装

　　前面讲过，对于 NBL 型号的小布，需要在素体上加装专门的脖卡。如果无法徒手把原素体上的脖卡取下来，那么可以用一次性杯子装半杯热水，把原素体倒立放进杯子里，这样就能让热水没过脖卡，并使之变软，软化后的脖卡可以很轻松地被从原素体上取下。

01 把 Ob24 素体、NBL 脖卡拿出来，准备进行安装。先用十字螺丝刀把顶部三角帽取下来。

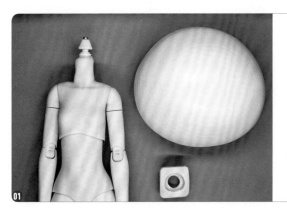
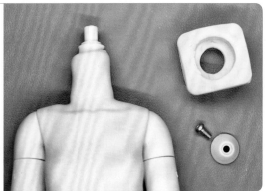

02 看一下脖卡的结构，脖卡的顶部有个突出来的圈，底部只有一个坑洞。

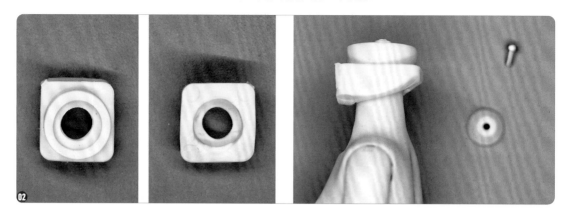

03 按照顶部朝上的方式，把脖卡安装到素体上。用十字螺丝刀把顶部三角帽安装回去。至此，NBL 脖卡的安装就完成了。注意：在上螺丝的时候要向下抵住螺丝，否则螺丝可能会滑丝。

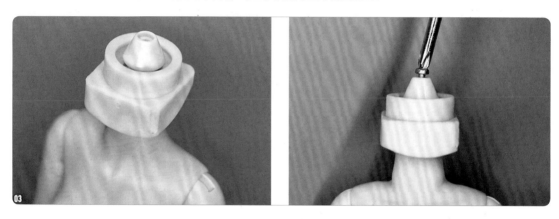

5.4.3　NBL头壳和Ob24素体组装

接下来就要进行整体组装了。本案例使用的是以爱丽丝童话为主题的金属材质拉环，搭配银灰色的丝带，各方面都很贴合甜酷的妆容。

01 因为这款拉环比较重，而小布的头很大，容易头重脚轻，所以为了在组装完成以后不影响小布的站立，我用尖嘴钳把下面的装饰物去掉了。

02 很多市面上的拉环都存在过长、过重的问题，并且在日常使用中容易刮花妆容和后脑壳上的图案，大家可以根据实际情况对其进行改造。把两条拉环的丝带分别从金属圈和最右边的小方口穿进去，把从金属圈穿进去的丝带在 C 棒底端打结，把从最右边的小方口穿进去的丝带在眼架顶端打结。

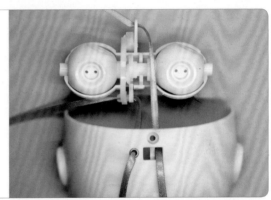

03 用剪刀把多余的丝带剪掉，用打火机把剪断处烧一下，防止后续抽丝。

04 大家可能注意到了，我把 C 棒底端的丝带剪得很短，这是为了让它的结能刚好卡进孔洞。如果丝带再长一些，就会脱离眼架范围而露到贡丸外面，这很影响美观。

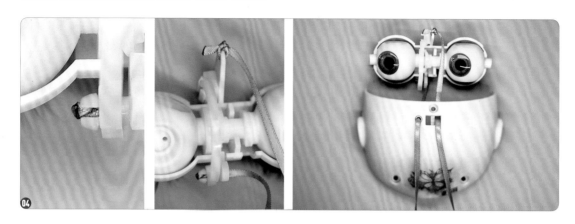

05 在进行组装前，我已经用蓝丁胶把牙齿安装好了，接下来把眼串装到前脸壳上，用大螺丝把 T 棒装好。

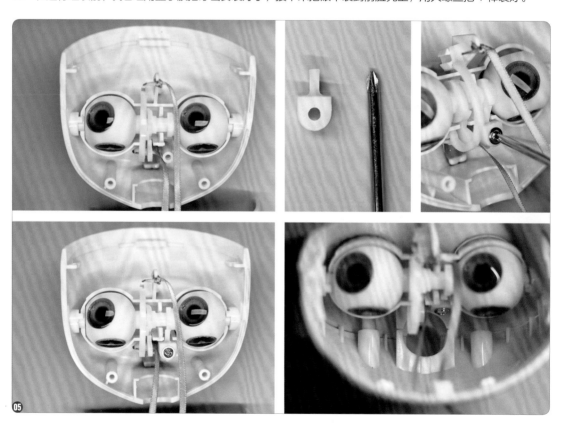

06 用后脑壳虚卡住前脸壳，分别拉动两条拉环，看眼睛能否正常开合和更换眼片。

07 NBL 脸壳的脖口是圆形的，单看在 NBL 脸壳这边的脖口横截面，它像一个空心的方盒子，而 NBL 脸壳的脖卡的其中一个侧面正是方形的，把这个侧面卡进脖口横截面中。

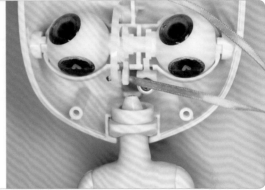

08 把后脑壳和前脸壳合上，这时可以看到上半部分的卡口很难合上。

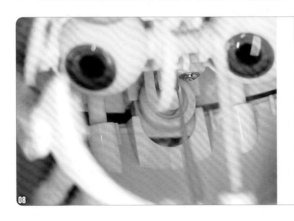
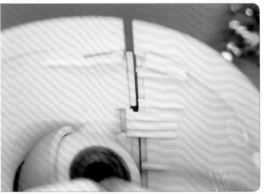

09 这里分享一个诀窍：用一只手虚扶着后脑壳，用另一只手在卡口附近用力，在用力的同时往前面合上。

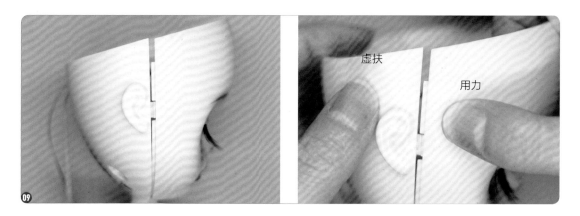

10 如果在这个时候能听到"啪嗒"的声音，就说明合上了。用这种方法把另一边的卡口也合上。

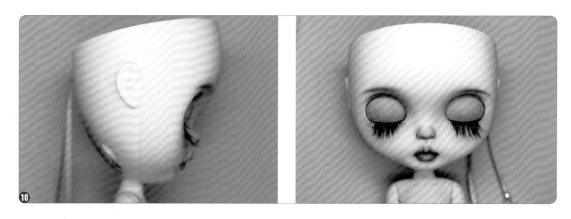

11 在安装光头壳前，我们要了解一下 NBL 头壳的结构。不同于需要用螺丝艰难地固定前脸壳的 RBL+ 头壳，NBL 头壳的设计更加便捷。如下图所示，它分别有两处拼接式卡口，用于对接前脸壳和后脑壳。

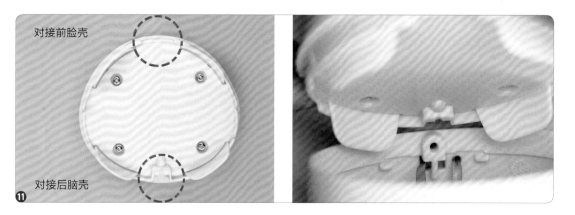

12 在按照卡口位置安装上光头壳后，拿出剩余的 3 颗螺丝。

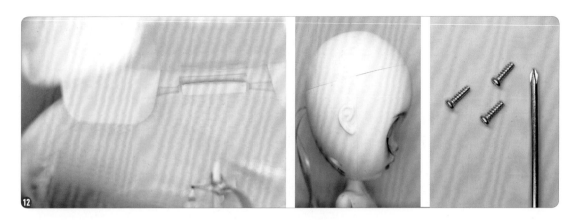

13 在安装螺丝的时候依然要记得向下抵住螺丝，否则螺丝可能会滑丝。

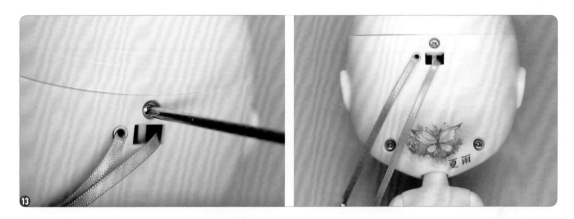

14 在组装的全过程中，最好用一只手掌托住脸部，避免用力的时候让桌面刮花妆容。

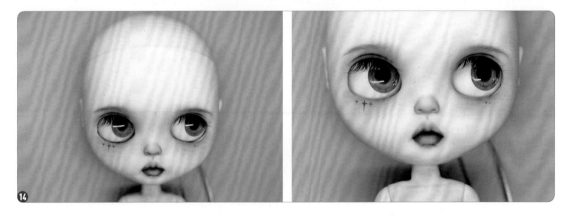

5.5 甜酷风丝带编发

改妆师的主要工作为接妆和出成品娃。在开设娃妆线下课的这几年里，我接触了很多对改娃满腔热血的学生，有的人只是把改娃当成爱好，有的人则想成为职业改妆师。要成为受欢迎的改妆师，除了要有良好的改娃技术，还要能很好地呈现作品。哪怕只给娃娃拍大头照，改妆师也需要用好看的假发来做搭配，而市面上好的假发的价格为 200~800 元，这对需要不同的发型来搭配作品的改妆师来说是不小的负担。

那么，刚起步的改妆师可以用什么方法缩减开支呢？当然是尽量自己动手做配件了。我推荐做手工编发，因为它最简单、最好上手。大家可以购买几顶颜色不同的基础款假发（高温丝假发、牛奶丝假发、马海毛的假发都可以），根据不同的妆容，做不同的发型，这样就可以对一顶假发实现重复利用了。

大家不用担心做不好，因为拍照需要的只是一个氛围感，对编发的要求不高，放手做就好了。

在本案例中，我会使用一个由空娃头和相机支架组成的临时头台，大家也可以去购买现成的假发头台，或者直接用没被改动过的盒娃。我使用的假发是马海毛假发，下面简单介绍一下这种假发的头皮部分的制作过程。

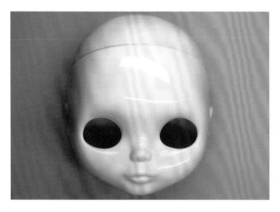

01 先用保鲜膜包裹住整个娃头，然后用白色网纱包住娃头，最后通过多次刷白乳胶的方式做头皮模具。等胶水干透后，把保鲜膜打开，对头皮进行脱模，这样就能获得完美贴合头型的硬头皮了。

02 要想给娃头戴上硬头皮的假发，就需要用蓝丁胶进行粘贴。在戴上假发后，把马海毛假发两边的皮筋拆掉，准备进行编发。

03 为了搭配整体的风格，使用紫红色的渐变丝带和黑色皮筋。

04 如果大家想编类似脏辫的细辫子，那么可以选用更细的丝带。从头顶取一小缕假发，把丝带绑在发根附近。绑的方法是先把丝带对折，然后穿过假发底部（为了更好地演示丝带的打结方法，我单独用一缕假发和浅色丝带进行演示）。

05 把丝带末端穿过顶端的圈并拉紧，这样就把丝带绑好了。继续从左、右两边取假发，用编3股辫的方式编发。

06 在编到第二组3股辫的时候，把丝带与第四缕假发混合，改用编蜈蚣辫的方式编发，直到完成。

07 把另一边的辫子也编完，这时，头顶的层次变多了。

08 增加浅色的丝带，继续编辫子。我试着留出一边的丝带不编，这样显得自由、随意。

09 因为这顶假发的发量不是很多，所以只能编这么多辫子。我的目的有两个：一是增加假发的层次，二是增加色彩的层次。在完成以后，在每根皮筋上都绑上蝴蝶结，让造型更美观。

又到了给小布穿衣打扮的时刻了。本案例使用的娃衣的作者是不打烊的羊。这套娃衣是专门为甜酷妆容设计的，当时我和不打烊的羊讨论：改娃圈中的暗黑风格和中性风格的娃衣大多是黑白修女服，或者短上衣、短裤的街头装，咱们能不能综合一下，又酷又美呢？经过几次改版，我们才有了现在的成品：整体采用黑色面料，主体是短上衣、长裙、袖套、长袜，点缀金属配饰；为达到束腰的效果，制作了骷髅手腰带；不打烊的羊在我的建议下加了可爱的银兔和星星长链。

用白色蓝丁胶把做好的假发粘到成品娃的头上。我们一般是先穿衣服，再戴假发，这样比较方便。

甜酷风格以低饱和度、低明度的颜色为主调，搭配高饱和度的腮红和唇色，我也是以此为原则进行创作的。希望我的教学能抛砖引玉，期待大家在各平台勇敢地找我"返作业"。

第 6 章

小布娃衣制作

制作娃衣的常用材料和工具 | T恤制作 | 背带裙制作 | 袜子制作 | 发带制作

6.1 制作娃衣的常用材料和工具

我特别邀请了娃衣的作者不打烊的羊为大家制作了一个娃衣的制作教程。这个系列的娃衣是可爱的T恤和背带裙的组合，手缝和用缝纫机缝都可以，对初学者非常友好。我们提供了立裁纸样，它是按照Ob24素体进行打版的，大家按照给的标尺去放样成原本的大小，将其打印出来就可以直接使用了。本章大部分内容由不打烊的羊编写，由我进行修整和润色。

下面介绍一下制作娃衣的常用材料和工具，先说布料。

棉布

针织布

毛绒布料

棉布可分为100支、80支、60支的，支数越小，棉布越厚。一般使用较多的是60支的棉布。60支的棉布可以用来制作裤子、连衣裙等。80支的棉布可以用来制作一些比较仙气的连衣裙，用于表现透气效果。

娃衣常用的针织布有提花布料、卫衣布、螺纹针织布、奥代尔棉针织布、纯棉针织布等。大家可以根据想要做的衣服款式来选择合适的针织布。

布料越厚就越重，越轻就越薄，所以大家在挑选时可根据克数来判断。薄款布料可以用来制作袜子，相对较厚的布料可以用来制作T恤、卫衣等。

布料表面凸起绒线的为抗条纹布料。制作娃衣常用 16 条、21 条等抗条纹布料，条数越大，抗条纹就越细。抗条纹布料适合制作秋、冬季节的衣服，如秋、冬季节的外套、裤子等。大家可以根据想制作的衣服款式选择纯色或者带花纹的布料。细条纹布料的克数在 200g/m 左右，粗条纹布料的克数为 350~400g/m。

常用的毛绒布料有兔毛绒、马海毛、水貂绒等。不同毛绒布料上的毛绒的长度不同。国产的毛绒布料大部分是有弹性的，带有弹性的面料比较难控制。毛绒布料可用于制作毛绒玩偶、动物形象的毛绒娃衣、帽子、包等。

因为小布的素体很小，而很多人用的布料对制作娃衣来说太厚了，所以我们为制作这个系列的娃衣选购了下面的布料。

发带：①亚麻布、②条纹棉麻布。

内衬布：③棉布（60 支）。

裙子：④全棉先染布、⑥网纱、⑦花边。

袜子：⑤针织面料。

制作娃衣的常用材料除了布料，还有各种扣子。

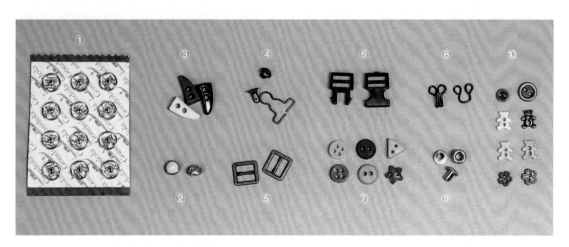

①暗扣（5mm）：用在衣服门襟包等上。

②珠扣：颜色多，可以用于装饰或搭配拌扣使用。

③牛角扣（10mm）：用在大衣、风衣等上。

④葫芦扣蘑菇钉：用在背带裤的带子上。

⑤日字扣（5mm）：用在裤子的背带、包的背带上。

⑥迷你插扣（6mm）：用在背包扣上。

⑦装饰塑料扣（4~5mm）：用来做装饰、搭配。

⑧迷你风纪扣：用在衣服隐形搭扣上。

⑨迷你气眼（1.5~2mm）：用在娃衣或娃鞋上。

⑩金属扣（4~6mm）：作为娃衣的装饰品。

制作娃衣的常用工具如下。

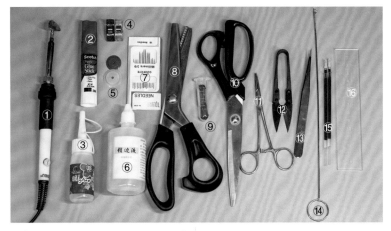

①迷你熨斗：用于熨烫比较小的位置。

②布用固体胶：起临时固定的作用，3M Scotch 的这款布用固体胶的性价比比较高。

③酒精胶：用于粘装饰品。

④缝纫包边夹：用于临时固定布料。

⑤缝份圈：用于画缝份线。

⑥锁边液：涂在布料的边缘，防止布料边缘因脱线而散开，在晾干后再进行车缝。

⑦手缝针：用于手缝，或者钉扣子等。

⑧虎牙剪：用于给曲线部分打剪口。

⑨珠针：用于临时固定布料和装饰品等，方便进行车缝。

⑩裁剪剪刀：用于裁剪布料。

⑪止血钳：用于给袜子与袖子等翻面。

⑫纱线剪：在车缝完毕后裁剪线条。

⑬镊子：在用缝纫机车缝时使用夹布，防止手与缝纫机过近接触，也可以用于给一些较短的部位翻面。

⑭翻里器：用于给较长或者较细的部位翻面。

⑮水消笔：用于给纸样描边，过水后颜色即可消失。

⑯尺子：用于绘制时的测量。

6.2 T恤制作

下面开始进行娃衣的制作。本节介绍立裁纸样的使用方法：把纸样的各部分裁片都剪下来，放到相应的布料上。

T恤前片
（表布 ×1）

T恤后片
（对称各 1）

后 前

T恤袖片
（左右各 1）

5cm

按纸样的大小在布料上用水消笔画出框线，在线外侧预留一点儿边，作为缝合衣片所需的必要宽度，即缝份。

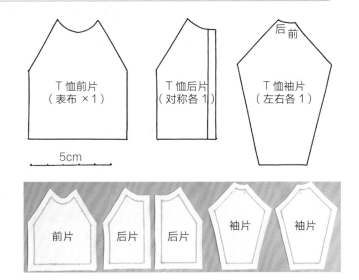

前片　后片　后片　袖片　袖片

01 按图纸进行裁剪，留 0.5cm 的缝份，并把袖片的前端和后端做好标注（我习惯在前片点一个小蓝点，作为标注）。袖片的前端和后端是什么意思呢？前端指的是靠近领口的一端，后端指的是作为袖口的一端。

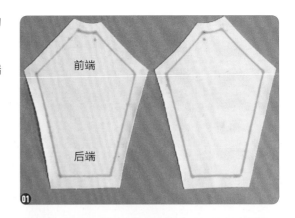

02 接下来需要对前片与袖片进行机合。前片上的橙色线是从领口到腋窝的裁线，而袖片上的橙色线是从领口到腋窝的接口线。

03 把前片和袖片上的橙色线交叠在一起，并用珠针进行临时固定。橙色线所在的位置就是要缝合的位置。

04 用同样的方法把另一块袖片和前片临时固定到一起。

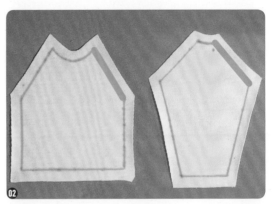

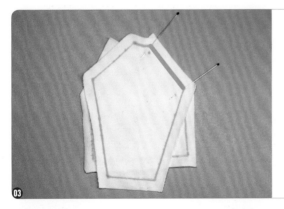

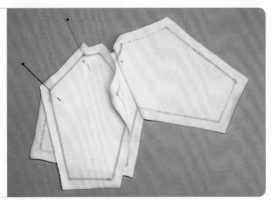

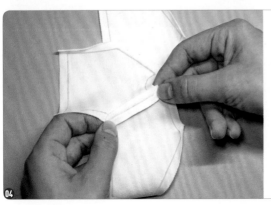

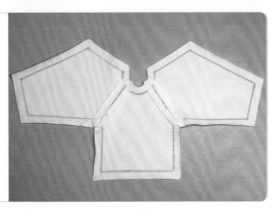

05 把两块袖片与前片缝合好，将多出来的缝份向两边压倒。把缝好的衣片翻回正面，取出后片与袖片进行缝合。后片上的橙色线是从领口到腋窝的裁线，把后片和袖片上的橙色线交叠在一起，并用珠针进行临时固定。

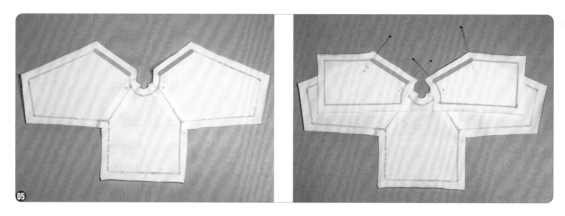

06 把后片和袖片缝合好，继续把缝份向两边压倒。到了这里，T恤的大形就出来了。把整个衣片翻到正面。

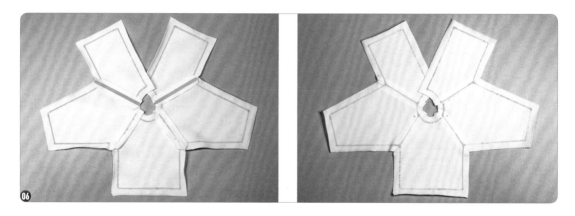

07 为了方便后面领口的翻折和压缝纫线，需要增加局部的衬里，衬里用网纱或者其他布料都可以。把网纱和衣服领口叠在一起，按照橙色线把它们缝合到一起。

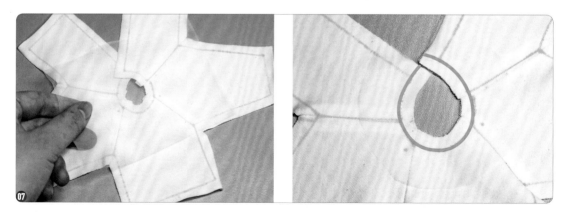

08 在缝合完毕后，修剪网纱多余的部分，只留下红色色块的区域。领口两端的网纱，也就是红色虚线框住的缺口位置，需要被剪开。

09 将网纱和领口内圈的缝份向背面翻折，并按压平整。

10 将花边用珠针临时固定在领口上，进行缝边（红线是需要缝边的线）。

11 经过翻折和上花边，领口已经基本完成了。

12 做袖口边缘的处理。把袖口的缝份翻折过来，用布用固体胶或珠针对其进行临时固定，缝上明线（明线指的是眼睛可以直接看到的缝在衣服外面的线迹）。

13 在给袖口缝上明线以后，将衣服的前片和后片正面相对，在每个拐角点都用珠针进行临时固定。

14 按橙色线把前片和后片缝合到一起。在缝完以后，在腋下拐角处剪一个口，注意不要剪到缝合线。

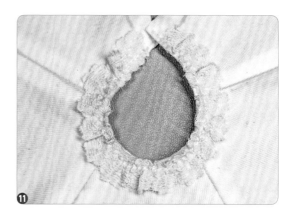

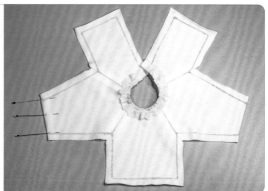

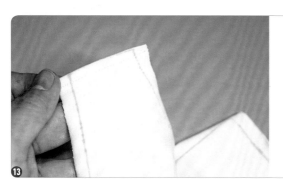

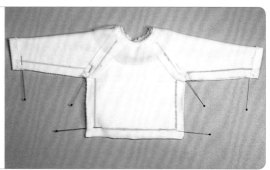

15 将多余的缝份剪掉。注意：不宜剪得过短。

16 在修剪完成后，将缝份向两边压倒。这时，经过前面的缝合与修剪，衣服已经轻薄了很多。

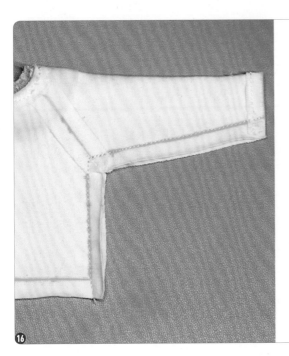

17 按照用水消笔画的框线，把衣服下摆的缝份向内折，用珠针进行临时固定，用缝明线的方式进行缝制。

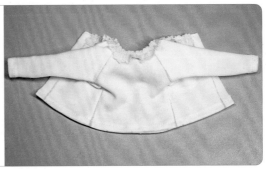

18 至此，整件 T 恤就只剩后片的左、右两侧没有收边了。将两块后片的侧边按蓝色缝线向里折，用珠针进行临时固定并缝明线。在缝完以后，用迷你熨斗把衣服熨烫平整（后续要在两处侧边上缝暗扣）。把 T 恤翻过来，如下图所示，把左手边的后片掀开，露出背面。为了方便大家知道暗扣应该缝在什么地方，我用绿色区域来标注背面的侧边，用红色区域来标注正面的侧边。

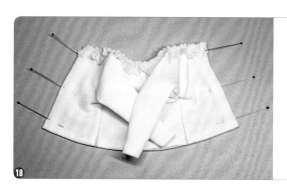

19 把红色的正面侧边和绿色的背面侧边并排放到一起，用水消笔在上面画出暗扣的定位点（两组定位点需要对齐），依次在定位点上用手钉上暗扣。

20 因为左边的这排暗扣被缝在背面的侧边上，所以只要将它们往另一排正面侧边上的暗扣上一按，就能把 T 恤扣上了。把 T 恤重新翻回前片这面，就可以看到最后完成的效果了。

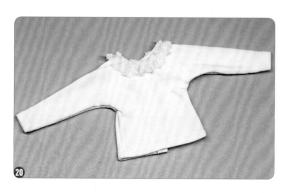

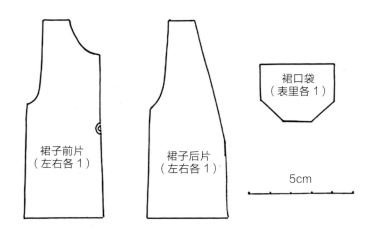

裙子前片
（左右各 1）

裙子后片
（左右各 1）

裙口袋
（表里各 1）

5cm

01 按图纸进行裁剪，留 0.5cm
的缝份。

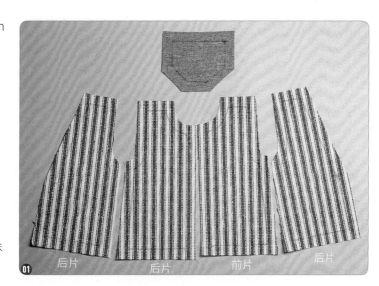

02 将两块前片正面相对，先用珠
针进行临时固定，再进行缝合。

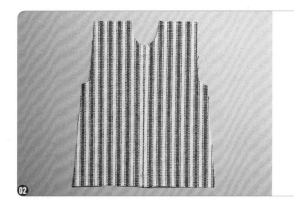

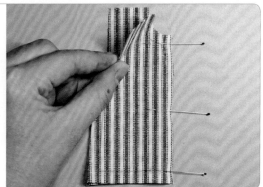

03 在缝完以后，将缝份向两边按压，并用迷你熨斗熨烫平整。

04 在前片的正面，在两条绿色线的位置缝两条明线，这样前片就显得更平整、更好看了。

05 接下来进行口袋的制作。将蓝色缝线向内折，用布用固体胶对布料进行临时固定。在橙色线所在的位置缝一条明线。需要说明的是，现在能看到的内折缝份的面是口袋的背面。

06 在口袋正面放一块网纱或者一块同样大小的布料。因为网纱是半透明的，用相机不容易拍出来，所以我用一个红色区域来表示。

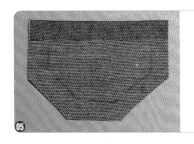 

 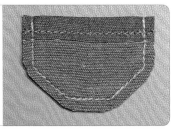

07 按蓝色缝线进行缝制，用裁剪剪刀剪去多余的缝份和网纱，并把缝份的边角修剪得平滑一些。加网纱或者布料的作用是给口袋增加一层衬布，以便把口袋的缝份更好地收到口袋的背面。

08 把缝好的口袋从里向外翻，把口袋的正面翻出来，将其熨烫平整并放到裙子前片上。

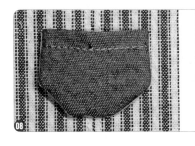 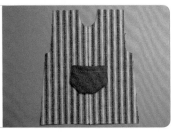

09 在橙色线所在的位置缝半圈明线。

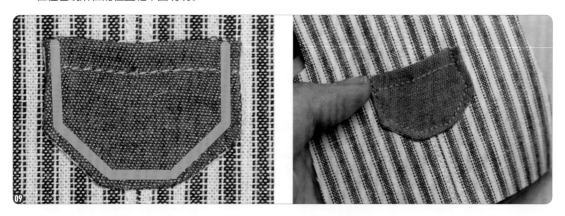

10 将裙子的两块后片与前片正面对正面地进行缝合，绿色线所在的位置是前片和后片缝合的地方。在把前片和后片缝合完成后，把缝份向两边按压。

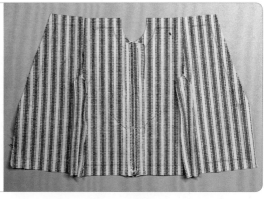

11 在正面两侧的缝合处，左、右各缝一条明线。这样做的目的是把缝份都平整地固定在背面，从而使裙子的正面显得更规整。

12 取一块与裙片大小相近的内衬布并放置在它的下面，沿着用水消笔画的一圈缝线进行缝制（按除绿色线以外的一整圈线迹进行缝制）。绿色线所在的位置是留出来的返口，返口是在缝合布料的内里时，为了能让布料翻转回来而留出的缺口。

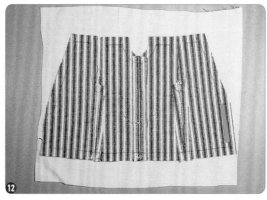

13 在缝好后，修剪缝份，并把圆弧位置多出来的内衬布剪掉，或者直接使用虎牙剪进行修剪。注意：不要修剪返口处。

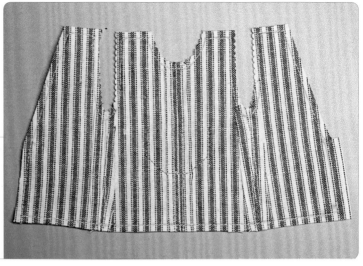

14 为了防止裙子在被翻转后在转角的地方出现鼓包，我们需要提前去掉一些边角料。方法：剪掉直角部分，不要剪到蓝色的缝线。

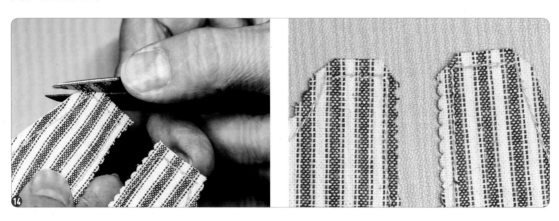

15 在全部剪完以后，就可以进行翻转了。将止血钳伸进空腔内。

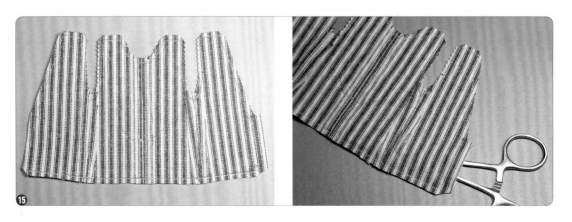

16 在返口处将正面翻出。

17 仔细地将边角顶出。

18 在做完这些以后，用迷你熨斗把裙子熨烫平整，接着在整圈裙边上缝一条明线。缝明线既可以让裙子变得规整，又可以把前面的返口缝上。

19 给裙子装上一些装饰品。因为该裙子是背带裙，所以我把日字扣也钉上了。

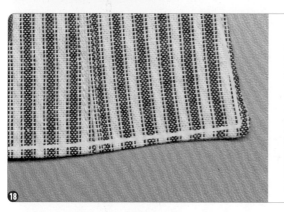 

20 背带是皮质面料的，宽度在 3mm 左右。后片上的扣子用的是迷你风纪扣。

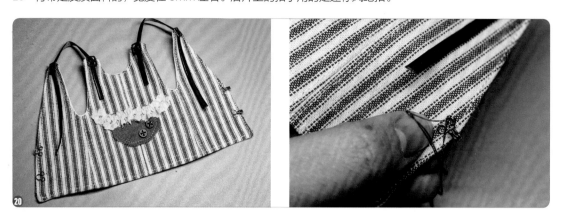

21 在缝完一边后，一定要在另一边上找到对称点。先用水消笔做标记，再去缝另一边。

6.4 袜子制作

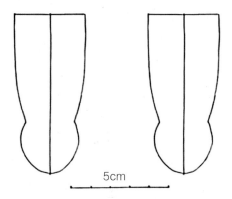

5cm

01 按图纸裁剪出袜子的裁片，并留 0.5cm 的缝份。

02 把袜子上边的蓝色缝线向内折，并用布用固体胶对布料进行临时固定。

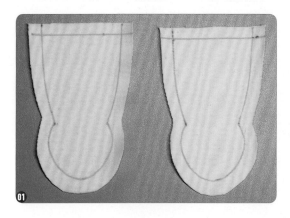

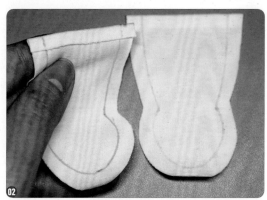

03 在正面缝明线。因为袜子是针织布料的，为了防止它在缝制的过程中变形，可以在下面垫一张纸。还有一个要点：在用缝纫机缝针织布料的时候要每车两针就抬一下压脚，这样，针织布料就不容易变形了。

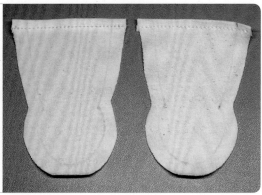

04 把袜子对折，先用珠针进行临时固定，再进行缝制。

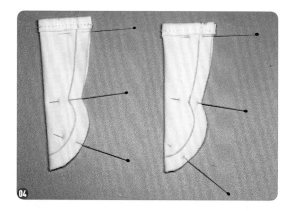

05 在缝好后用虎牙剪修剪缝份，用止血钳将正面翻过来。至此，袜子的制作就完成了。

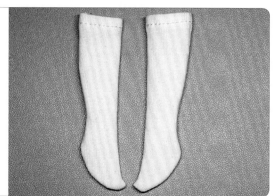

6.5 发带制作

这次的发带布片是简单的长方形的，两片大的发带是主体，一片小的松紧布是用于衔接和固定的。大家可以按文中提供的尺寸去绘制，也可以按纸样打印出来的裁片去绘制。

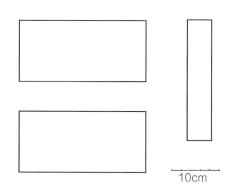

10cm

前面的 T 恤和背带裙的纸样是按 5cm 放样的，而发带的裁片面积比它们要大很多，所以发带的纸样是按 10cm 放样的。

发带：26cm×12cm，需要两块布料。

松紧布：24cm×5cm，需要一块布料。

松紧带：10cm，需要一根。

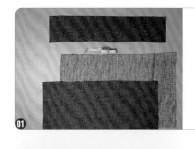

01 按照尺寸裁出裁片（想要纯色的裁片，可以裁同色的布料），剪一小段松紧带。

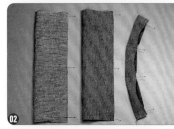

02 把 3 块布料都进行正面对折，用珠针临时固定并进行缝合。

03 用翻里器把正面翻出来。

04 拿出最小的那块布料，借助翻里器将松紧带穿入，用缝纫包边夹把两端夹好。

05 在穿好两头并夹稳后进行缝合。为了防止松紧带崩开，可多用几个珠针进行固定。

06 把两片发带按左图所示的那样交叉对折。把发片头尾对折，并在接口处用缝纫包边夹夹好。

07 把松紧带的一端放在发带一端接口的中间位置，把两边向里面折，直到折出如下图所示的效果。

08 在把两端折好后，先用缝纫包边夹夹好，再通过缝制进行固定。为了防止发带在使用过程中崩开，要来回多缝几针。

09 将发带翻出来。至此，发带的制作就完成了。

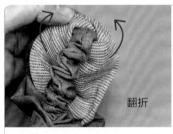

翻折

发带

小挎包

背带裙

袜子

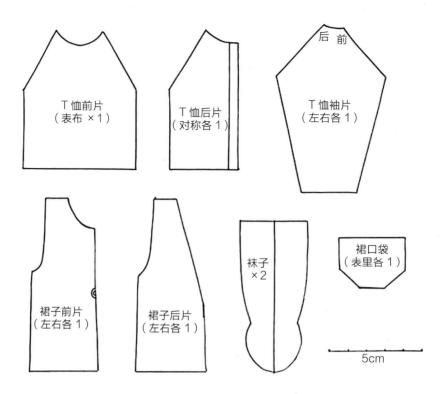

第 7 章

BJD二次元妆容绘制

BJD卡通脸甜美妆容案例 | BJD卡通脸微醺妆容案例

本章带大家学习二次元妆容的画法。从过去几年的娃妆线下课中，我发现很多人因为没有绘画基础，甚至对二次元没有概念，在拿到一个卡通娃头的时候，是完全没有头绪的。我毕业于动画系，对二次元妆容的画法有系统性的逻辑和概念。为了让大家能从根源上理解二次元妆容的画法，我先从二次元五官的原理解析开始讲解。

7.1.1　二次元五官的原理解析

通过观察素头的眼眶，我们会发现它接近圆形，并不像真人的眼眶。我们可以回想一下平时看到过的二次元人物的眼睛：通常有很大的眼眶，并且眼眶的形状各异。因此，我们就可以理解为什么二次元的娃头的眼眶是接近圆形的形状了——方便改妆师画出各种眼眶（下面的右图所示的是吊角眼）。

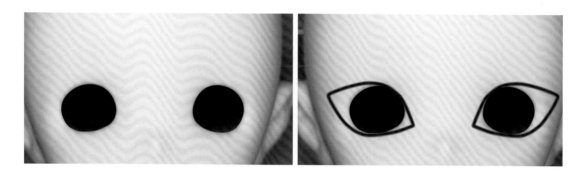

现在我们来画另一种眼形。先用线条勾出杏眼的眼眶线（如果将这个眼眶线单独拿出来看，就会发现它像简笔画里的卡通人物的眼睛），再继续将上眼眶线加粗。

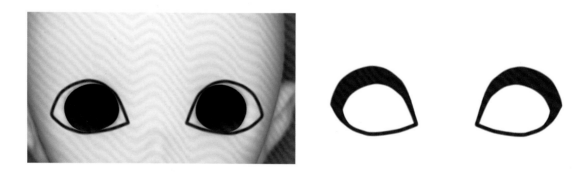

将眼头和眼尾的眼眶线去掉一部分而得到的眼眶线，就是我们想要的二次元眼眶线，而最后在娃头上画出来的效果是将断面细化后的效果。

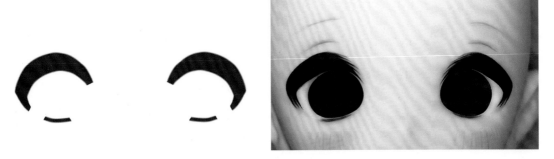

接下来介绍嘴的画法。二次元的嘴是极度简化的，可以表达各种情绪。虽然采用的是卡通的画法，但是我们仍要讲究可爱和传神，如不能把表示发呆的嘴形画成圆形的或者椭圆形的，因为那样不够可爱。

小喵嘴和小虎牙的组合是二次元妆容中非常受欢迎的组合。一般来说，我们不能把嘴画得过大，除非想要表达夸张的喜悦效果。

7.1.2　树脂头的卸妆方法

很多人在刚接触二次元妆容的时候，容易在各种各样的画风中迷失方向，觉得都很好看，特别是一些有个性的眼妆、面纹。如果一开始就把时间都花在模仿不同的风格上，就不利于练好基本功。

和小布的改妆师一样，画二次元妆容的改妆师也可以接妆和出成品，有些改妆师还会将其作品进行拍卖。那么，什么风格的妆容是拍卖中的主流呢？那就是以实色眼妆为主的妆容。这是因为很多玩家喜欢把娃娃打扮成自己喜欢的动画或漫画角色的样子，而画了实色眼妆的娃娃更容易搭配不同的造型。下面先讲解卸妆的方法。

01 市面上的 BJD 的材质有好几种，只有树脂 BJD 是绝对能卸妆的。本次卸妆用的是旧版的美国进口温莎牛顿洗笔液（以下简称旧版洗笔液），因为新版洗笔液的配方已经改变，不再用来卸大部分娃妆，所以大家如果要购买的话，就要购买旧版洗笔液。除了该洗笔液，大家也可以用郡士蓝标油性稀释剂，其卸妆方法和该洗笔液的卸妆方法相同。

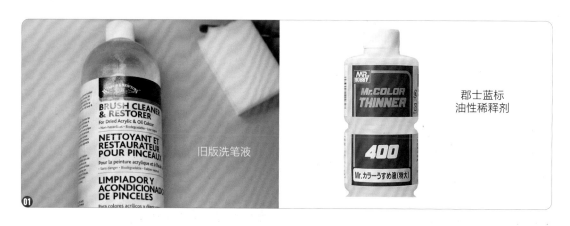

旧版洗笔液

郡士蓝标
油性稀释剂

02 郡士蓝标油性稀释剂宜在室外使用，还需搭配防毒面具和一次性丁腈手套一起使用。继续讲旧版洗笔液。撕一块擦擦克林蘸上该洗笔液来擦拭全脸。因为该洗笔液的成分比较环保，所以我没戴手套，皮肤敏感的人宜戴手套。

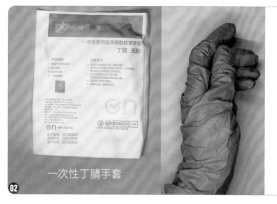

一次性丁腈手套

03　在卸妆完成后，用纸巾将脸上的旧版洗笔液擦干净，并把耳朵、眼洞都擦干净。

04　在把脑内残留的液体也擦完后，就可以进行第二遍卸妆了。用 95% 的酒精将整个头部擦一遍，等酒精挥发完后，用清水冲一遍。

7.1.3　实色眼妆卡通脸妆容

给树脂 BJD 化妆的工具和给小布化妆的工具基本相同，但是用法略有不同。

01　消光依然用的是郡士 B523 抗 UV 消光。戴上一次性手套，给树脂 BJD 喷第一层消光。

02　取出水溶性彩铅和擦擦克林备用。

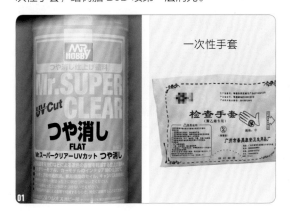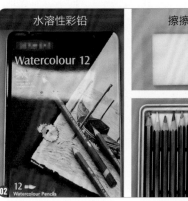

03　用大红色水溶性彩铅画出底线。这次画一个喵喵微笑嘴和弯弯的笑眼。

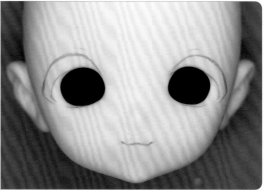

04　用贝碧欧丙烯稀释剂代替清水对马利丙烯进行调和。

05　用褐色丙烯画线条。在用丙烯画线条的时候，一定要画在彩铅线条上面，这样一来，等线条都画完以后就完全看不出彩铅线条了。

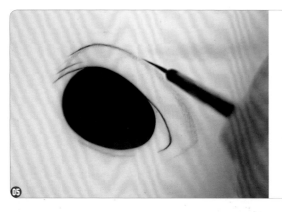

06 为了贴合微笑的感觉，画一个比较高的短弯眉。

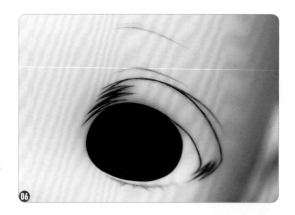

07 用分量比较多的丙烯在线框内进行涂抹，直到所有的缝隙都被填满。

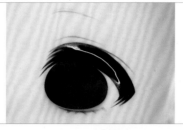

08 等丙烯干透后，喷第二层消光。

09 在本案例中，上妆用的粉彩是史明克粉彩（二次元娃头需要用到的颜色不多），化妆刷用的是鸦刻化妆刷。

史明克粉彩

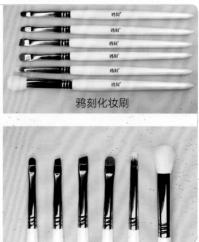

鸦刻化妆刷

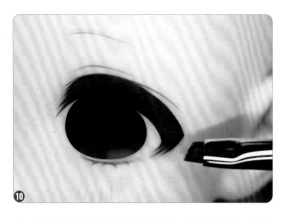

10 用小斜头刷蘸取红色粉彩，刷眼线的头和尾，让眼线的颜色变化更丰富。二次元妆容中的眼妆不追求眼皮上的颜色多变，而需要改妆师在眼线上下功夫。

11 用小斜头刷蘸取黄棕色粉彩，刷出眉毛和双眼皮的线条。用很淡的大红色丙烯画出两边的腮红线条（在二次元妆容中，红色的小短线可以用于表现少女脸上的红晕），让妆容显得可爱一些。

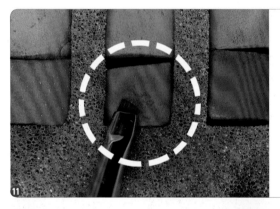

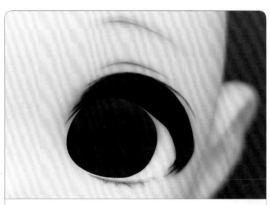

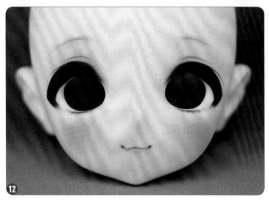

12 用大圆扁头刷蘸取橘粉色粉彩，刷眼皮；用大圆头刷蘸取橘粉色粉彩，刷两腮、鼻头、嘴唇、下巴；用小圆头刷蘸取粉色粉彩加深腮红。粉彩的主流用色是粉嫩色系的颜色，如果需要表达阴郁的性格，那么可以用低饱和度和低明度的颜色；如果想要表现男性角色，那么可以多用黄棕色系的颜色。至此，粉彩就画完了。喷第三层消光进行定妆。

13 二次元 BJD 的眼珠有多种材质的，如压眼、石膏眼，以及通透度更好的树脂眼。本案例使用的眼珠是来自静谧花园的树脂眼。

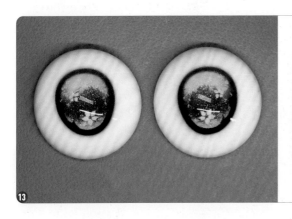

7.1.4　渐变色眼妆卡通脸妆容

上面讲解的是实色眼妆的画法，下面讲解渐变色眼妆的画法。

渐变色有多种表现方式，大致可归类为单色渐变和多色渐变。单色渐变有白色渐变、红色渐变、紫色渐变等；多色渐变可以在单色渐变的基础上自由组合，常见的有红白渐变、蓝紫渐变、黄棕渐变等。不管要做哪种渐变，都得先在原有的实心眼线上进行着色。我们需要先画出白色渐变并将其作为打底，后续才能上其他颜色，所以本案例是在前面已经画好的实色妆容基础上画白色的单色渐变，以便大家举一反三。

本案例用到的粉彩是鸦刻 BJD 修容粉彩，因为其中的白色粉彩在深色的底色上面很好着色。

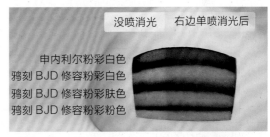

01　用小圆扁头刷蘸取白色粉彩，刷眼线的中段，只刷底部。

02 用没有任何颜色的大圆扁头刷将刚才的白色粉彩均匀晕开。为了让妆容更显娇俏，用丙烯画一些上睫毛。

03 如果想让眼线有闪烁的质感，那么可以加入一些闪粉，并喷一层消光进行定妆。

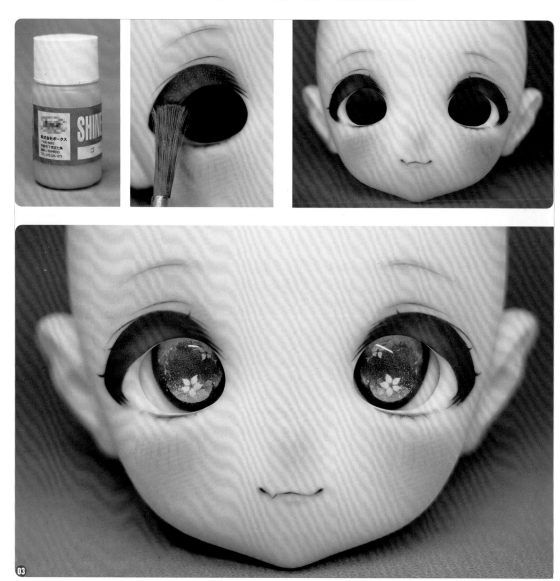

7.2 BJD卡通脸微醺妆容案例

前面讲解了甜美妆容的画法，我们会注意到前面的卡通娃头的眼睛是大圆眼，适合表现性格设定为元气和可爱的角色。本节以一个杏眼的卡通娃头为例，讲解如何通过不同的眼形来表现不同的角色性格和年龄。

7.2.1 上挑眼线的原理和画法

虽然二次元人物的五官是极度简化的，但也有一定的画法。例如，通过对比下面的两个娃头，我们可以发现左边的圆眼的娃头看起来年龄更小，而右边的杏眼的娃头看起来更成熟。由此可知，二次元人物的眼形越写实、越狭长，对应的年龄就越大。但是，改妆师可以在原有眼形的基础上，通过画法改变眼睛的大小和形状。下面，我会以画上挑眼线和眼窝的方式，把杏眼的娃头变成微醺少女的头。

先用线条勾出一个眼尾轻微上挑的柳叶眼，再把上眼线加粗，最后把眼头和眼尾的眼眶线去掉一部分，这样就得到了我想要的眼形。

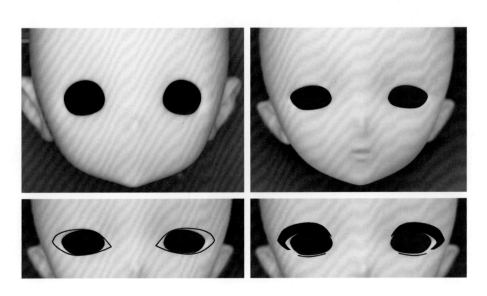

01 在正式画之前，喷第一层消光（使用的是郡士 B523 抗 UV 消光）。等消光干了以后，用棕色的水溶性彩铅画线稿。为什么用的不是前面案例中的大红色的水溶性彩铅呢？因为这次要表现温柔的感觉，所以彩铅线稿的颜色和丙烯线稿的颜色需要相似。

02 用小斜头刷蘸取黄棕色粉彩，刷出细长的眉毛。在二次元的画法中，细短的眉毛显得孩子气，而细长的眉毛显得温柔、平和，因为这个娃头有眼窝结构，所以我在刷眉粉的时候不能刷得太低，至少不能低于眼窝处的凹陷。如果大家手上的娃头是没有眼窝结构的，那么可以留出适当的空间，方便后面画眼窝的线条。

03 用马利丙烯混合贝碧欧丙烯稀释剂进行调和，调和出褐色丙烯和大红色丙烯备用。用褐色丙烯画出眼线的正式线稿，把上眼眶线画深一些，把下眼眶线画浅一些。如果想表现可爱的感觉，就把上眼眶线的转折处画得圆一些；如果想表现得有气质，就把上眼眶线的转折处画得方一些。

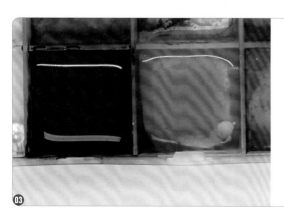

04 把分量比较多的丙烯涂在上眼眶内,直到所有的缝隙都被填满。画几根下睫毛,靠近眼头和眼尾的地方短一些,靠近眼眶中间的地方长一些。下睫毛在二次元妆容中并不是必需的,通常男妆没有下睫毛,女妆视情况而定。如果不画下睫毛,就会更像动画人物,给人干净、利落的感觉;如果画下睫毛,就会更像插画人物,给人唯美、精致的感觉。

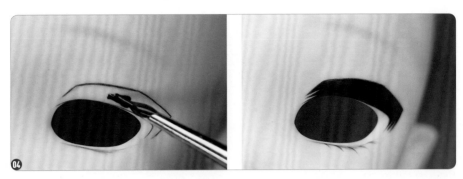

05 画几条眼皮线。很多人可能一开始不理解这几条线是什么,以及为什么要这样画。大家可以多看一些人物的眼部特写,就会发现有些好看的眼睛除了有最深的那条眼皮线,还会有一两条浅浅的眼皮线。给二次元人物画深浅不同的眼皮线主要是为了增加精致感。

7.2.2　二次元眼窝和小开嘴的画法

　　如何判断一个娃头有没有眼窝结构呢？以前面提到的圆眼娃头为例，把台灯置于娃头的正上方进行打光，就会发现眼皮部分没有光影变化，和额头一样被阴影笼罩着。

　　用同样的打光方式观察一下这次的娃头，就会发现眼皮部分有明显的起伏，这就是我们要找的眼窝结构。由此可知，眼窝到眼眶线的间距与两个因素有关：一是眼洞的大小，二是上眼眶线的宽窄。如果要给无眼窝结构的娃头画眼窝，那么自由度会更大一些，因为二次元画法是可以夸张的。

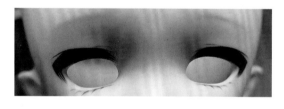

01　在找到眼窝结构后，就可以在上面画出眼窝线了。人的眼窝是眼眶骨和眼球间的凹陷，而眼眶骨是近似圆形的，所以只需要在眼窝结构上画出一段长弧线就可以了。

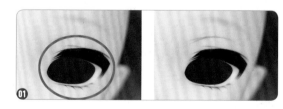

02　在画完眼窝线后，就可以喷第二层消光了。等消光干透后，在原有眉粉底上用比较稀的褐色丙烯画出眉毛的线条。

03 该娃头本身有嘴唇的结构，一般这样的嘴唇适合画抿嘴和发呆的嘴。为了配合微醺妆容，我画了微笑的小开嘴。

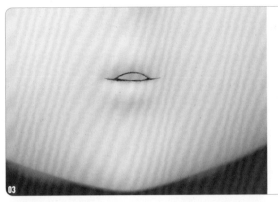

7.2.3 用粉彩和化妆刷画出卧蚕

在画完线条以后，继续用化妆刷上粉彩。微醺妆容以柔美、温和为主调，所以配色是藕粉色和棕色，眼妆的饱和度较低，腮红的饱和度较高，通过重点色的区分，体现醉人的感觉。

01 先用大圆扁头刷蘸取肤色粉彩，刷在眉毛和眼眶线之间，使肤色作为眼影的主色；再用大圆头刷蘸取肤色粉彩，刷在鼻头、下巴、腮红处，使肤色作为全脸妆容的底色。

02 接下来需要刷出各种细节，我用到的工具是鸦刻 BJD 化妆刷。用卧蚕刷蘸取棕色粉彩，把眼皮线加深。因为二次元娃头的结构是比较平的，脸上没有什么结构起伏，所以改妆师要先自己理解现实中人脸的结构，再概括和提炼出一些能表现角色的要素，最后将其画在娃娃脸上。继续用卧蚕刷以横向刷出弧线的方式，在下眼眶附近刷出卧蚕。卧蚕的线条应是一条两端浅、中间深的线条，长度要适中。如果把卧蚕画得太长，就会像鱼尾纹；如果把卧蚕画得太短，就不明显，达不到想要的效果。

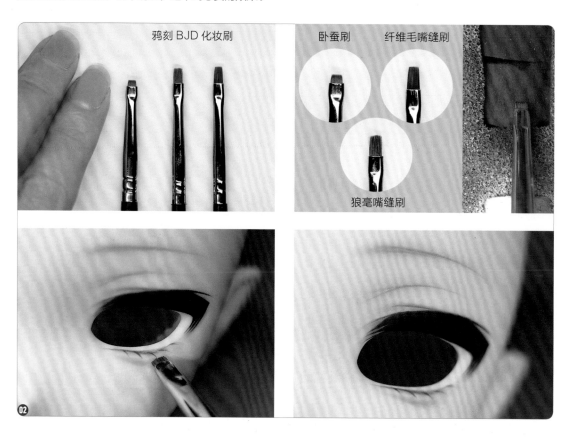

03 在把两边的卧蚕和眼皮线都刷完以后，娃娃脸上的笑意就变得生动起来了。这就是为娃娃的脸增添结构。如果大家想要做出生气之类的表情，那么也可以用卧蚕刷刷出表情纹路。

7.2.4　微醺腮红和唇妆的画法

01　用小圆头刷蘸取玫粉色粉彩，在腮部用打圈和横扫的手法加深红晕。这是为了通过饱和度较低的眼妆和饱和度较高的腮红来表现醉人的感觉。

02　不要把腮红画到卧蚕的区域里，适当留白会让卧蚕显得更立体。

03　用狼毫嘴缝刷蘸取玫粉色粉彩，刷在嘴唇上，给嘴唇上色。此时，整个妆容已经有微醺的感觉了。

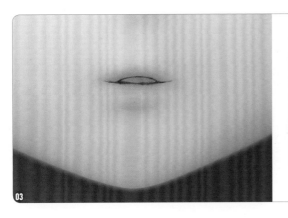

7.2.5 红黑渐变眼妆和丙烯腮红线条

继续补充妆容的细节，从而增强妆容的表现力。用强遮盖力的鸦刻 BJD 修容粉彩中的浅粉色粉彩混合普通软粉中的大红色粉彩，调和出一个同样有强遮盖力的大红色粉彩。

01 用卧蚕刷蘸取调和好的大红色粉彩，刷在眼眶尾部，表现眼尾泛红的状态。

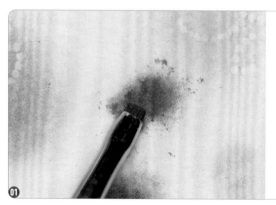 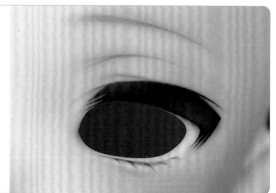

02 先用小圆扁头刷把大红色粉彩晕染均匀，再用小圆头刷把妆容的红晕加深一遍。在画完这些后，喷第三层消光，目的是把粉彩和接下来要画的线条隔开。

03 用红色丙烯和白色丙烯分别混合清水，调好备用（把红色丙烯调得稀一些，把白色丙烯调得稠一些）。用白色丙烯把嘴唇中间填满，作为白色的牙齿。

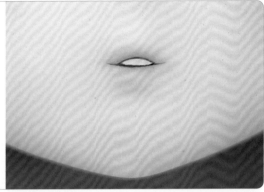

04 在前面的甜美妆容中，我画的是竖向的腮红线条，这次我要画横向的腮红线条。先用红色丙烯淡淡地画一些线条，再用白色丙烯在每两条红线的空隙中画一组短一些的线条。

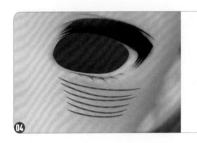

05 横向的腮红线条更贴合卧蚕的走向，让腮红在视觉上更有层次感，同时增强了眼睛的笑意。在画完线条后，整个妆容就基本画完了，喷第四层消光进行定妆。

06 用尖头棉签（或者描线笔）蘸取光油，涂在嘴唇上。二次元卡通娃头不一定需要涂光油，并且大部分妆容都不涂光油，亚光嘴唇是二次元妆容的主流。那么，在什么情况下需要涂光油呢？通常，在表现女性的吸引力、体现成熟的气质时会需要涂光油。

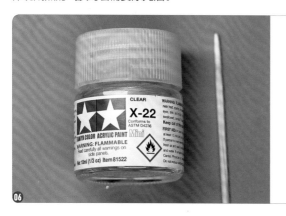
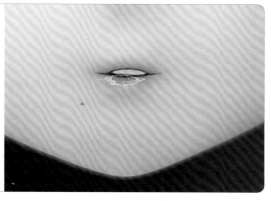

07 用白色的蓝丁胶把红色的树脂眼裹上。卡通眼的瞳仁的面积很大，最好的修改方法是把蓝丁胶分成两小块，分别扯成长条，裹在眼珠最外圈，离瞳仁远一些。

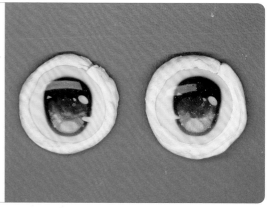

08 在安装眼珠前，我们先看一下脑内的结构。很多软胶材质的卡通娃头的眼眶内部有下图所示的一圈结构，玩家称其为目袋。目袋的存在限制了可用眼珠的大小。为了能佩戴不同尺寸的眼珠，我们可以用刀把目袋切掉。

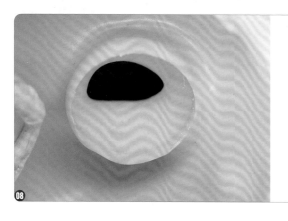
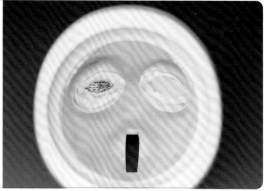

至此，微醺妆容就画完了。红色的眼珠搭配眼下腮红，营造出"酒半醺，月下美人灯下玉"的氛围感。希望大家都能画出有灵气的娃娃。

摄影：Yummy 遥遥子